观光农业景观规划设计

（修订版）

王先杰　主编

内容简介

本书主要内容共分为两部分共七章，第一部分为基本理论部分，共六章，包括观光农业的基本理论、观光农业园区景观规划设计原理、观光农业园的规划理论、观光农业园的规划内容、观光农业园规划设计及观光农业园经营与管理。第二部分为案例部分，包括十五个比较有代表性的案例。该书针对观光农业的规划和设计提出了一些规划设计方法和管理经验。尤其在观光园景观规划与设计方面进行了探讨。本书适合观光农业专业师生使用，同时也适合农林院校园林专业师生使用，亦可作为规划、设计等工作人员的参考书。

图书在版编目(CIP)数据

观光农业景观规划设计 / 王先杰主编. -- 2版(修订本). -- 北京 ：气象出版社，2016.9(2021.8重印)

ISBN 978-7-5029-6421-4

Ⅰ.①观… Ⅱ.①王… Ⅲ.①观光农业-景观规划-景观设计-中国 Ⅳ.①F592.3 ②TU982.29

中国版本图书馆CIP数据核字(2016)第206592号

GUANGUANG NONGYE JINGGUAN GUIHUA SHEJI

观光农业景观规划设计

出版发行：气象出版社

地　　址：北京市海淀区中关村南大街46号　　**邮政编码**：100081

电　　话：010-68407112(总编室)　010-68409198(发行部)

网　　址：http://www.qxcbs.com　　**E-mail**：qxcbs@cma.gov.cn

责任编辑：王元庆　　**终　　审**：邵俊年

责任校对：王丽梅　　**责任技编**：赵相宁

封面设计：博雅思企划

印　　刷：三河市百盛印装有限公司

开　　本：720 mm×960 mm　1/16　　**印　　张**：11

字　　数：225千字

版　　次：2016年9月第2版　　**印　　次**：2021年8月第2次印刷

定　　价：38.00元

本书如存在文字不清、漏印以及缺页、倒页、脱页等，请与本社发行部联系调换

《观光农业景观规划设计》编写人员

主　编　王先杰

副主编　高敏慧　肖　冰　赵　群　卢　圣　刘鲁江
潘关淳淳　李菲菲

参编人员（按姓氏笔画为序）

王　芳　王先杰　王亚娟　尹　洁　冯文佳
冯　丽　包雅妮　卢　圣　肖　冰　孙薇薇
张维妮　李菲菲　赵　群　赵小平　吴亿明
刘永光　刘鲁江　高敏慧　潘关淳淳　薛青亮

前　言

观光农业是近年来兴起的一种新兴产业，是在传统农业基础上发展起来的融农业产业和旅游观光为一体的新型产业。建设观光农业园是传统农业转型升级，加快农业现代化和城乡园林化并与国际接轨的必然选择。观光农业园具有的地域特色、资源优势以及多样的活动都吸引不少观光游人，带动农业产业发展的同时也带动了旅游业的发展，提高了当地农民的收入，对经济、社会以及环境改善都起到了积极的作用。但观光农业发展与国外相比还处于起步阶段，对观光农业园的景观规划设计研究尤为重要。本书是针对都市农业专业人才的需要而编写的，同时兼顾了农林院校同类专业的教学需求。本书的特色是结合了丰富观光农业景观设计经验。

本书考虑到行业的特殊性，在编写上尽量做到通俗易懂，用简洁的语言和直观的画面来表达。在内容上，注重实用性，技术指导性强。在具体安排上，体现一定的知识层次，适合初、中、高级技术人员和大专院校师生阅读，可参考性强。

本书分为两个部分，第一部分是理论部分，内容包括：观光农业的概述、观光农业园区景观规划设计原理、观光农业园的规划理论、观光农业园规划内容、观光农业园规划设计、观光农业园经营管理。第二部分为案例分析。

具体分工：第一章由王先杰、高敏慧、包亚妮、李菲菲编写；第二章由孙薇薇、潘关淳淳编写；第三章由赵群、王亚娟、赵小平编写；第四章由王先杰、高敏慧、肖冰编写；第五章由卢圣、王芳编写；第六章由包雅妮、潘关淳淳编写。第七章为案例部分，案例一由尹洁编写；案例二由吴亿明、王先杰、包雅妮编写；案例三由赵群编写；案例四由尹洁编写；案例五由王芳、卢圣编写；案例六由张维妮编写；案例七由潘关淳淳编写；案例八由冯丽编写；案例九由王先杰、肖冰编写；案例十由王先杰、高敏慧、庞静编写；案例十一由王先杰、冯文佳编写；案例十二由王先杰、薛青亮、肖冰编写；案例十三由刘鲁江编写；案例十四由刘鲁江、李菲菲、潘关淳淳编写；案例十五由刘鲁江、李菲菲、潘关淳淳编写。

本书在编写中参考了大量的书籍和文章，在此对原作者及相关同仁表示诚挚的谢意！由于时间和水平有限，书中难免有错误和不正当之处，敬请读者给予批评指正。

编者

2015 年 11 月 30 日

目　录

第一章　观光农业概述

第一节　观光农业的起源与发展

一、观光农业的相关概念

农

甲骨文字形，从林，从辰。古代森林遍野，如要进行农耕，必先伐木开荒，故从“林”；古代以蜃蛤的壳为农具进行耕耨，故从“辰”。小篆认为从晨，囟（xìn）声。从“晨”，取日出而作、日入而息之意。本义：耕，耕种。

农，耕也。——《说文》。按，耕必作于晨，故从晨。

辟土植谷曰农。——《汉书·食货志》

农，天下之大本也。——《汉书·文帝纪》

贫生于不足，不足生于不农。——晁错《论贵粟疏》

殴民而归之农。——汉·贾谊《论积贮疏》

农业

耕作土壤、收获作物和饲养牲畜的科学和技艺，生产对人类有用的动植物，以及在不同程度上配制供人类使用的产品及其处置（如通过销售）的科学和技艺。

观光农业

在国内外文献中有很多种称谓，如“观光休闲农业”“旅游农业”“观赏农业”“观尝农业”“体验农业”“旅游生态农业”“饭店农业”“田园农业”“农村旅游”等10多种。应该说“乡村”“农村”旅游是指涉及与乡镇有关的一切旅游形式，包括诸如田园风光之旅、乡村居民观赏之旅、村镇民俗文化之旅、农民涉外之旅等。而观光农业是以农村为环境空间或以农民为旅游主题所开辟的与乡镇文化出境旅游、异地旅游相关的一切旅游形式的总称，一句话，观光农业就是与农业有关的旅游内容和形式的统称，是乡村旅游的一部分，属农业与旅游之间的交叉型产业和产品。

观光农业中的“观光”一词最早出现于《易经》，之后被日本引借，称旅游为观光。日本、韩国也均如此。我国大陆学者对“观光”有狭义、广义之分，狭义的观光即指观赏游览的专称；广义的观光则包括观赏、娱乐、休假、度假、科考、健身、探险等一切旅游形式。在这里“观光”与“旅游”实际上成了等义词，故人们在习惯上也使用了“观光农业”这一概念，同时采用这一定义表述也有利于与世界普遍提法相接轨。不过，在实践中人们总是不满足于“观光”这一概念对旅游农业的限制，因此，很多理论界和实业界仍多以“旅游农业”相称。

另外，还有一个重要概念就是称观光农业为“观光休闲农业”。一个新生事物的命名主要考虑两个因素，一是它的主体内容和功能，观光农业主要是为城市居民观光、休闲、体验农耕文化服务的，其主功能在观光和休闲，采用这一概念更突出了观光农业的基本内容和功能；二是考虑这个名称被社会大众认定的程度。只要公众能接受和理解，就可提倡和确立之。根据这两个标准，完全可以采用“观光休闲农业”这一称谓。现在台湾很多学者就采用了这一概念。

那么如何从本质属性上给予观光农业一个科学的定义呢？各地学者表述各异，而且很难统一。如：刘达华先生(1995)的“在充分利用现有农业资源的基础上，通过规划、设计、施工，把农业建设、科学管理、产品生产、艺术加工的价值和游客动手融为一体，供游客领略在其他风景名胜地欣赏不到的大自然浓厚意趣和现代人的新兴农业艺术”；王仰麟先生(1996)的“观光农业是旅游业与农业之间的交叉型新兴产业。对常规农业而言，它体现着一种新型的农业经营形态，是第一产业向第三产业的延伸和渗透。对现代旅游业而言，观光农业则是旅游活动向农业领域的拓展，从而开辟了新的旅游市场和领域”；范子文同志(1998)的“观光休闲农业是指利用田园景观、自然生态及环境资源，结合农林牧渔生产、农业经营活动、农村文化及农家生活，为人们休闲旅游、体验农业、了解农村提供场所。换句话说，观光休闲农业是以农事活动为基础，以农业生产经营为特色，把农业与旅游业结合为一体，将农业产销、农产品加工、提供休憩服务、调剂性劳动和新鲜食物享用等融为一身的新兴农业”；刘军萍副研究员等(1997)的“观光农业是以农事活动为基础，以农业生产经营为特色，把农业与旅游业结合在一起，利用农业景观和农村自然环境，结合农牧业生产、农业经营活动、农村文化生活等内容，吸引游客前来观赏、品尝、购物、习作、体验、休闲、度假的一种新型农业生产经营形态。它是农业有第一产业向第三产业的延伸和渗透，是对传统农业的改造和提高，是现代农业的一种形式"；卢云亭教授(1998)的"农业景观和农村空间中凡能给游客以奇、异、趣、土、尝、购等吸引力，并拥有观赏、参与、科考、休闲、健身、求知等旅游功能的农业。简言之，观光农业是为满足人们精神享受和物质享受而开辟的可吸引游客前来观(农业观赏)、尝(品尝农产品)、娱(农业娱乐)、劳(劳作体验)、育(农业教育)、购(购买农副产品)的农业。它是以农事活动为基础，以城市为市场，以参与为特点，利用农村空间和农业生产活动的特色，发挥农业的多功能性，经过改造提高，满足游客的多层次需要，向第三产业延伸的产业"。

上述定义和概念方面的诠释，虽然表述形式不同，但基本上沿用了1995年由卢云亭、刘军萍等编著的全国第一部专著《观光农业》中所提出的"观光农业"定义，在内容上涵盖了如下6点思想：

——发展观光农业目的在于满足人们在该领域的精神和物质享受，主要目标市场在城市居民之中；

——观光农业是一种人工设计系统。通过规划、策划，形成一种奇趣性、艺术性、参与性的旅游农业产品；

——观光农业是具有观赏、参与、品尝、体验、休闲、度假、健身、修学、购物等功能的农业旅游活动；

——观光农业是以农事活动为基础，以农业生产经营为特色，利用农业景观和环境空间资源，将农业与旅游业结合为一体的"农游合一"型产品；

——观光农业是旅游业和农业之间的交叉性产业，对农业而言，它体现了一种新型的农业经营形态，是第一产业向第三产业的延伸和渗透；对旅游业而言，它是旅游活动向农业领域的拓展，从而开拓了新的旅游空间；

——观光农业是一种高效优化产业，它是传统农业生产结构调整、改造的产物，对农业可产生附加值，同时又有利于提高农业的环境和社会效益。

二、观光农业

观光农业是一种以农业和农村为载体的新型生态旅游业。近年来，伴随全球农业的产业化发展，人们发现，现代农业不仅具有生产性功能，还具有改善生态环境质量，为人们提供观光、休闲、度假的生活性功能。随着人们收入的增加，闲暇时间的增多，生活节奏的加快以及竞争的日益激烈，人们渴望多样化的旅游，尤其希望能在典型的农村环境中放松自己。于是，农业与旅游业边缘交叉的新型产业——观光农业应运而生。

观光农业是把观光旅游与农业结合在一起的一种旅游活动，它的形式和类型很多。根据德、法、美、日、荷兰等国和我国台湾省的实践，其中规模较大的主要有5种：

(1)观光农园：在城市近郊或风景区附近开辟特色果园、菜园、茶园、花圃等，让游客入内摘果、拔菜、赏花、采茶，享受田园乐趣。这是国外观光农业最普遍的一种形式。

(2)农业公园:即按照公园的经营思路,把农业生产场所、农产品消费场所和休闲旅游场所结合为一体。

(3)教育农园:这是兼顾农业生产与科普教育功能的农业经营形态。代表性的有法国的教育农场、日本的学童农园、中国台湾的自然生态教室等。

(4)森林公园。

(5)民俗观光村:到民俗村体验农村生活,感受农村气息。

1. 观光农业园区概念

观光农业园区,是随着近年来都市生活水平和城市化程度的提高以及人们环境意识的增强而逐渐出现的集科技示范、观光采摘、休闲度假于一体,经济效益、生态效益和社会效益相结合的综合园区。观光农业园区是由最初的农田发展到统一规划的集观光、休闲、娱乐、教育为一体的有组织的园区发展的高级形态。观光农业园区将生态、休闲、科普有机地结合在一起,同时,生态型、科普型、休闲型的观光农业园区的出现和存在,改变了传统农业仅专注于土地本身的大耕作农业的单一经营思想,客观地促进了旅游业和服务业的开发,有效地促进了城乡经济的快速发展。

2. 国内外观光农业园区发展概述

(1)国外观光农业园区发展概述　农业景观在城市园林中的应用由来已久,在欧洲关于伊甸园的神话描述中,便记录下了人们对于梦想与神秘的极乐世界的向往,而这个极乐世界是与外界分离的安全性很好的空间,里面种植了奇花异果。在古埃及和中世纪欧洲的古典主义花园里不仅种植着各式各样的花卉和蔬菜,而且还有枝头挂满果实的果树,以供贵族们观赏食用。在这一时期,园林中也相继出现了葡萄园、橘园、蔬菜园、稻田、药圃等或规则或不规则的园中园。在16世纪以后的二三百年里"农业景观是漂亮的"这一思想逐渐盛行。到最近100年里,伴随教育和休闲活动的普及,对农业生产景观的欣赏逐渐为各阶层所接受。这样的理念,即景观可以同时具有观赏性和生产性,启迪了许多西方的景观设计。如今天的英国东茂林生态园利用各类果树为植物造景材料,大大丰富了园区景观,并为旅游者提供了果品观光、采摘等其他城市公园所不能开展的活动,取得了很好的效益。

19世纪30年代欧洲已开始农业旅游,然而,这时观光农业并未被正式提出,仅是从属于旅游业的一个观光项目。20世纪中后期,旅游不再仅仅是对于农田景观的欣赏观看,代之相继出现了具有观光职能的观光农园,农业观光游逐渐成为其休闲生活的趋势之一。20世纪80年代以来,随着人们旅游度假需求的日益增大,观光农业园由单纯观光的性质向度假操作等功能扩展,目前一些国家又出现了观光农园经营的高级形式,即农场主将农园分片租给个人家庭或小团体,假日里让他们享用。如德国城市郊区设有"市民农园",规模不大(一般2 hm^2,分成40～50个单元),出租给城市居民，具有多功能性，可从事家庭农艺、种菜、种植、花卉和果树，达到生产乐趣、回归自然、休闲体验的需求。

1982年欧洲15个国家共同在芬兰举行了以农场观光为主题的会议，探讨并交流了各国观光农业的发展问题，各个国家的观光农业在此基础上有了很大的不同程度的发展。

(2)国内观光农业园区发展概述　在我国园林发展的初始阶段即周朝的苑、囿中，便栽有大量的桃、梅、木瓜等农作物。《诗经·周南》中就有颂桃的诗句："桃之夭夭，其叶蓁蓁。之子于归，宜其家人。"生动地描述了桃花盛开、枝叶茂盛、硕果累累的美景。《周礼·地官司徒》记载："场人，掌国之场圃，而树之果、珍异之物，以时敛而藏之。"郑玄注："果，枣李之属。瓜瓠之属。珍异，蒲桃、枇杷之属。"这句话译成白话文就是："场人，掌管廓门内的场圃，种植瓜果、葡萄、枇杷等物，按时收敛贮藏。"如今，果品、蔬菜也同样运用在了当前城市园林景观中，如第五届深圳中国国际园林博览园"瓜果园"，主要是采用奇异瓜果、蔬菜品种来营造具有丰富园林色彩的栽培景区，既有观赏价值，又有科普教育意义。入口有标志性景石，简洁、自然、环保，蜿蜒溪流贯穿果园，分外亲切、宁静，曲线优美、图案丰富的大理石园道指引着游客的观赏线路。为增加趣味性和观赏性，园内精心设计了许多特色园林小品，如框景瓜果竹架、竹亭、花架廊、园林木桥、竹门、园林竹架、木架亭等。植物配置以实用、观赏的奇花异果为主体，采用岭南园林植物配置手法，使植物丰富的色彩、柔和多变的线条、优美的姿态及风韵有机结合起来。

我国的观光农业是在20世纪80年代后期兴起的，首先在深圳开办了一家荔枝观光园，随后又开办了一家采摘园。目前一些大中城市如北京、上海、广州、深圳、武汉、珠海、苏州等地已相继开展了观光休闲活动，并取得了一定效益，展示了观光农业的强大生命力。如北京的锦绣大地、上海孙桥现代农业开发区、无锡马山观光农业园、扬州高旻寺观光农业园等，山东的枣庄万亩石榴园、平度大泽山葡萄基地、栖霞苹果基地、莱阳梨基地等都取得了很好的经济效益，为城市旅游业增添了一道靓丽风景。

在我国各大城市中，台湾和北京的观光农业发展最好。尤其是我国台湾观光农业的发展居世界领先地位，如今台湾观光农业经营状况为：①乡镇休闲农渔园区46处(2001年计划设置)；②休闲农场175处；③观光农园385处；④教育农园141处；⑤市民农园56处。

21世纪中国跨入了世界旅游强国之列。在多元化、特色化、参与化旅游资源开发过程中，人们渐渐发现，现代农业具有生产性功能，这为农业景观的进一步开发利用提供了更大的契机。人们对良好的乡村环境所形成的森林浴、郊野露营、观光采摘等消遣休闲活动的渴望和追求，满足了自身回归自然的心理需求，缓解了繁忙的城市生活所带来的紧张感和压迫感。人们渴望多样化的旅游，尤其希望能在典型的农村环境中放松自己。于是,农业由提供单一的观光型旅游资源转向提供观光、休闲、度假为一体的旅游产品开发,休闲体验成为农业景观发展的新功能。

第二节 国内外观光农业概况

一、国外观光农业概况

目前,旅游观光农业在国外一些发达国家已发展得比较成熟,他们已经搞了几十年甚至上百年,而在我国的大部分地区包括北京则刚刚起步。为借鉴经验,启迪思想,很有必要去了解发达国家和地区旅游观光农业的主要形式和做法。当然,我们并不是要照抄、照搬境外的东西,而是要开阔视野,少走弯路。其实,有的国家和地区在发展旅游观光农业之初也是这么做的。比如,日本为推动市民农园的发展,专门组团到欧洲的德国、英国、瑞士、荷兰等国考察,回国后积极推动市民农园的立法工作;我国台湾省为解决农业本身出现的问题,并给市民提供观光、休闲、度假场所,先后派人到德国、日本考察学习,之后,观光农园、市民农园、休闲农场等在岛内各地迅速发展起来。

根据一些发达国家如德国、法国、美国、日本的实践,旅游观光农业的形式很多,其中对市民有较大吸引力,对我国郊区有较大参考借鉴价值的形式大致有以下几种。

1. 森林旅游

伴随着回归自然浪潮的兴起,森林旅游热在世界范围内方兴未艾。我国也已开辟了 248 个国家级森林公园,其中北京市就有 5 个,另外,还有几个市级森林公园和一批森林旅游风景区。这些森林公园和风景区大多具有多变的地形、辽阔的林地。优美的林相和山谷、奇石、溪流等,因而成为人们回归自然,休闲、度假、旅游、野营、避暑、科考和进行森林浴的理想场所。森林公园提供的游憩设施一般有森林浴步道、森林小屋、体能训练场等。如图 1.1 所示。

图 1.1

2. 农村留学

在日本，为培养青少年坚韧、朴实、健康、有正义感的人格，有许多市民把子女送到农村就读小学和中学，也有的在假期把孩子送到农村亲属家去寄宿，并参与农场作业、农村社区活动等，这就是所谓"农村留学"。就农家而言，由于接受托管孩童，可以获得住宿、伙食及照护费收入，更重要的是，农村的特产、农产品加工、手工艺品等也成为家长购买的对象，以带回都市分赠亲朋好友，因而提高了农家收入，促进了农村经济的发展。如图 1.2 所示。

图 1.2

3. 民宿农庄

在德国、丹麦等国家，农户经营农场的规模在 20～30 hm^2。一个农场，就是一个很好的休闲度假场所，加之农场景观优雅秀丽，更具吸引都市居民的魅力，因而许多农场都成为都市居民休闲度假的好去处，寒暑假还可以成为都市学童体验农村生活的场所。在日本，农户耕作面积比较小，但是，比较突出秀丽的景色、农村文化和农副产品特色。在这些地方，农民将废弃或多余的农舍加以改造，提供给都市休闲度假者住宿，称之为"民宿"。"民宿"的住宿规模可容纳 25～60 人，以当地特色食物供应早晚餐，一天收费在 5500～6500 日元(超过 10000 日元的要缴税)。经营以家庭成员为主，有的少量雇人。业者参加旅馆工会，依旅馆法规范经营。每月接受定期指导，卫生、消防、保险等均有相应的措施。旅客投宿均通过民俗协会安排。如图 1.3 所示。

图 1.3

4. 民俗旅游

利用农村特有的文化或风俗作为农业观光休闲活动的内容,如农村民俗文物馆、农民文化活动、民俗古迹、地方人文历史、童玩技艺、丰年祭、乡村博物馆等。比如德国目前有乡村民俗博物馆 80 多处,每处约占地 25 hm^2,全部模仿百年前的方式建造,陈列从过去到现在的各种民宅建筑、农耕作业方式及农家生活,让游客体验农业生产与农家生活的变迁过程。在馆区内,农业生产使用的是没有化学肥料的天然物质,以馆内树木制作木炭,以畜力或人力耕种,蜜蜂以采集馆内野花为主来制作蜂蜜。馆区内农产品的生产量虽不很高,但产品却是健康的、鲜美的。此种活生生的博物馆,除展示当地民俗文化外,也使社区居民增加收益。如图 1.4 所示。

图 1.4

除上述形式之外,还有假日花市、垂钓乐园、花卉公园、屋顶农业、观光牧业(如澳大利亚的剪羊毛、挤牛奶表演等)、插秧割稻之旅等其他形式。当然,在实际运作中,这些观光休闲农业的形式并不是单独存在的,为吸引游人,还安排一些其他休闲娱乐活动内容。根据搜集到的资料,观光休闲农业的活动项目可归纳为以下几类:

(1)体验活动　包括农耕作业(松土、播种、育苗、施肥、除草)、操作农耕机具(收割机、牛车、耕耘机、中耕机、插秧机等)、采茶、挖竹笋、刨花生、剥玉米、采摘水果、放牧、挤奶、捕鱼虾、农产品加工、农产品分类包装等。

(2)景观眺望活动　日出、夜景、浮云、雨雾、彩虹、山川、河流、瀑布、池塘、水田倒影、梯田、茶园、草原、竹林、烟楼、农庄聚落、海浪、湖泊、海湾、盐田、渔船、舢板等。

(3)野味品尝活动　竹笋大餐、烤土鸡、野味烹调、药用植物炒食、品茶、地方特产品尝、鲜果采食等。

(4)农庄民俗活动　乡土历史探索、人文古迹查访、自然生态认知、农村生活体验、田野健行、手工艺品制作、森林浴等。

(5)民俗文化活动　民族节庆、丰年祭、捕鱼祭、车鼓阵、放天灯、赏花灯、舞龙舞狮、皮影戏、歌仔戏、布袋戏、南管北调、划龙舟、山歌对唱、说古书、雕刻、绘画、泥塑等。

(6)童玩活动　抽陀螺、捉蜻蜓、捏面人、玩大车轮、打水枪、打水井、推石磨、踩水车、坐牛车、抓蟋蟀、捉泥鳅、钓青蛙、捞鱼虾、踢铁罐、骑马"打仗"、跳房子、放风筝、踩高跷、捏泥巴等。

农业观光休闲的经营活动项目是吸引游客前往消费的诱因，因此，经营活动内容的安排格外重要。一般可依据项目本身性质（如动态、静态）、活动区位（如生产区、体验区、加工区、休憩区）或季节、地方节庆活动等加以设计组合。

随着经济的发展和社会的进步，旅游观光农业这种不同于传统农业的新型经营形态在发达国家和地区较早出现，并得以发展与延续。为推动旅游观光农业的建设与运作的规范化，一些国家和地区制定了相关的法律法规；有的实行倾斜政策，在人力、物力、财力上给予大力支持；有的由政府来推进，并列入各级政府的年度工作计划。在旅游观光农业的经营管理方式上，更是千姿百态，各具特色。现将部分国家和地区发展旅游观光农业的主要做法介绍如下。

德国

德国由 16 个联邦州组成，领土面积 357167 km^2，以温带气候为主，人口约 8110 万，是欧洲联盟中人口最多的国家。在德国，休闲旅游观光农业发展较早，以农场度假为例，据德国农业部数据显示，2010 年 5 月至 2011 年 5 月期间，共有 450 万名德国居民选择农场度假，相当于德国总人口的 6.4%；度假次数为 720 万次，其中 510 万次在德国境内农场，210 万次为出境游。选择农场度假的游客平均年龄为 41 岁，平均每人每天食宿消费 33.5 欧元。

德国最早发展的是市民农园。市民农园起源于中世纪德国的 Klien Garden，那时德国人多在自家的大庭院里划出一小部分土地作为园艺用地，享受亲手栽培作物的乐趣。而德国观光农业的真正发端始于 19 世纪。19 世纪初，德国就出现了由政府提供小块田地，供市民作自给自足的“小菜园”。1919 年，德国就制定了《市民农园法》。第二次世界大战时，遭受空袭的德国人，在市民农园中躲避度日，靠着这里所生产的蔬菜才得以免除饥饿。1983 年，德国对《市民农园法》作了修订，加入了社区发展的理念。按照法律，德国的所有都市都有义务将市民农园提供给市民，目标是达到 10 户之中有 1 户能够利用的比率。近年来，德国市民农园的做法与宗旨，与过去相比已有很大不同，主要是转向农业耕作体验与休闲。目前，德国市民农园的做法为：

①由乡镇或县政府提供公有土地出租给没有农地的市区居民来耕作。

②一个市民农园的用地约为 2 hm^2，分 50 个单元，每一单元 100 坪（1 坪约为 4 m^2），合计 5000 坪，其他为道路、停车场等公共设施用地。承租户依政府公告条件申请，并依申请先后顺序审核。

③承租人与政府订立 25～30 年的租赁契约，并由承租人组成法人管理委员会，负责市民农园的管理事宜。

④每个承租人一年的租金为 150 马克，另付法人管理委员会会费 50 马克，作为公共事务与环境维护清洁费用。同时，承租人每年至少应有 1 小时以上的义务劳动，

来整理园区环境。

⑤100 坪的土地上,种花、种草、种水果、种菜、养鱼或开展家庭式经营,皆由承租人自己决定,但所生产的农产品不能出售,只能自用或分赠亲朋好友享受。

⑥100 坪的土地上,可建盖约 4 坪的工作室,其中木造室应向政府登记,砖造则应申请建造。市民农园内只提供自来水,不供应电,夜晚也不能住宿。

⑦承租人中途退出或转让,应告知管理委员会,并由委员会从其他申请人中遴选递补。递补者应合理负担原承租人投入的费用。

⑧由于经营者的经营项目可自由发挥,使承租人有互相竞争比美的心态,所以市民农园大多保持良好的经营状况。

⑨由于 100 坪的土地面积不大,耕种活动又兼具生产、运动、教育、体验和享受田园生活的乐趣的功能,因此,在德国各地申请承租市民农园者均呈供不应求、大排长龙之势。

⑩目前,德国市民农园中已建委员会组织,并参加全国性协会组织的成员有 50 万人,另外,有 30 万人尚未参加,合计达 80 万人之多。

除了市民农园以外,休闲农庄在德国也有很多。休闲农庄建在林区或草原地带,除了开展森林休闲旅游、环保科普教育外,一些企业还将团队精神培训、创造性培训等项目在森林里进行。在慕尼黑,市郊的农民在政府的帮助下,开辟了"骑术治疗项目",将心理治疗寓于骑马休闲活动之中。慕尼黑市郊区也因此项独特的创意农业活动项目及其"绿腰带项目"系列行动方案,成为人们理想的休养之地。

施雷勃田园是德国近郊田园木屋度假的代名词。"小田园"首先出现在德国北部城市基尔和弗伦斯堡,继而在莱比锡、柏林和法兰克福等地迅速兴起。随着小木屋申请租赁的家庭急剧增加,度假"小木屋"供不用求,施雷勃田园的发展出现了前所未有的兴旺。

施雷勃田园的各家各户都是独门独院,各具风格,充满了浓郁的大自然情趣和文化气息,如同微缩的露天民居博物馆向人们展示着各家的杰作。在每一户的小田园里,好似童话世界里的"小木屋"美观精致,是小田园里的主体建筑。院子里有象征时代的辘轳井或泵水井,地上摆放着精美可爱的小风车和各种家禽模型作为"农舍"的装点。有的院子里还修有"小桥流水"或直径只有一米多的"天然水塘"供野鸟来饮水。小田园的周围是低矮的篱笆、藤蔓或灌木丛,外面小路两边的草地上有一些木凳供游人歇脚。

德国农业协会评鉴乡村旅游业者的目的,在于确保游客的休闲度假品质,维护乡村环境与地区特殊性,提供干净的客房与卫生设备,维持农宅/农场秩序,丰富农场内的游戏、运动与休闲机会,保持经营者的亲善服务态度,以提高游客的接受度。目前乡村旅游认证标章可分为度假农场与乡村度假两大类,前者指正常运营的农场兼休闲度假服务；后者则是将遭弃置的农场转作为度假休闲用途，两者除农场定位不同外，其认证内容则大同小异。两类乡村旅游项下又可进一步区分成四种经营类型或度假类型，包括简易客房型、度假公寓与度假屋型、露营型、照顾幼童型，上述四种经营类型除共同评鉴项目外，则有不同的检验重点与内容。

法国

法国位于欧洲西部，国土面积 55.2 万 km^2，是西欧面积最大的国家。法国西部属海洋性温带气候，南部属亚热带地中海气候，中部和东部属大陆性气候。在法国这样高度城市化的发达国家，虽然 80%的人口集中在城市，却非常重视发展农业，重视发挥农业在保护生态环境、教育青少年方面的作用。如巴黎利用农业作为限制城市的藩篱，防止巴黎城市进一步向外扩张；利用农业作为巴黎市与周边城市以及周边城市之间的绿色隔离带；利用农业作为城市内的景观，其中有的作为市民劳动休闲的场所，有的辟为对青少年的教育基地，让他们知道食物是怎样来的，让他们了解环境保护的知识。

法国的旅游观光农业主要包括教育农场、自然保护区和家庭农园等形式。其中，教育农场是由政府向土地所有者租购土地，然后一部分作为农业部门所属培训中心的教育农场，或辟为“自然之家”教育中心，将另一部分租给农业工作者耕种。自然保护区有 30 个，分为两类：一类是设在人烟稀少的山区和岛屿的 7 个国家保护区，保护区内一般没有村庄，全部由国家财政支持；另一类是由各大区管理的保护区，主要是保护环境和文化遗产、景观遗产，还有保护村落和农业，因此，这类保护区内有农业及村庄存在。法国的家庭农园，类似于德国的市民农园，一般设在距市区较近、交通方便的地方，供没有土地的市民租用耕种。农园的主要作用是：安排就业；充分利用土地；供市民休闲；作为都市的景观。为使农园有章可循，1941 年首次制订了《工人农园法》，并于 1946 年作了修改；1952 年重新修订的法规中出现了家庭农园的概念。目前，家庭农园的法律依据是 1976 年修改的《家庭农园法》。值得一提的是，法国居民素有以种植蔬菜为业余活动的传统习惯，这样做不仅可满足自家的消费，而且可以节省开支，从而推动了家庭农园的发展。

1988 年，法国农会设立农业暨观光接待服务处，结合法国农业经营者工会联盟、国家青年农人中心、法国农会与互助联盟等专业农业组织，为法国农场规划出明确定位的“欢迎莅临农场”系列网络，连结法国各区域农场，成为法国农场强而有力的促销策略。“欢迎莅临农场”系列网络，将法国全数农场区分为九种不同属性农场，包括农场客栈、点心农场、农产品农场、骑马农场、教学农场、探索农场、狩猎农场、民宿农场、露营农场。

农场客栈属于饭店餐饮业型农场，餐饮限定采用当地农产相关食材与烹调法，呈现出乡土美食的特色；点心农场能提供农场自产的点心；农产品农场所生产的农产品主要原料需以本身农场养殖的动、植物为主，次原料可以来自农场以外的产区；骑马农场的马匹饲养需自产农业植物，且提供骑马设施与接待服务和餐饮与住宿服务；教学农场旨在让学生有机会接触真实农业世界，以接待学生团体进行学校活动及提供休闲中心为目标；探索农场主要提供对于农场动植物养殖情形、当地人文及自然地理环境的详细介绍，并可让客人品尝自营农场生产的物产；狩猎农场所供应的活动包括运动活动、文化活动、泛狩猎活动等活动；民宿农场的形态主要是以自营方式提供消费者短期或周末时在农场的休闲生活；露营农场的标志只授予少数符合条例且经常使用的场地。

日本

日本位于亚欧大陆东端，是一个四面临海的岛国，自东北向西南呈弧状延伸。东部和南部为一望无际的太平洋，西临日本海、东海，北接鄂霍次克海，隔海分别和朝鲜、韩国、中国、俄罗斯、菲律宾等国相望。南北狭长，雨量充沛，适宜生长多种果树。20 世纪 60—70 年代日本经济高速发展，随着二三产业的长足发展，城市居民对农产品的消费结构和消费层次发生了深刻的变化，农业种植结构进行了调整，以花卉、蔬菜、水果为主，利用城市的工业和科技优势发展起来了一种特殊农业形式——都市农业。

与欧美国家相比，日本的观光休闲农业开发相对较晚，仅有 30 多年的时间，但其发展速度很快，成效也非常显著。日本的都市农业定位在特大国际化大都市的局部地区，其主要作用体现在两大方面，即“食”与“绿”。“食”就是为市民提供生活所需的各种新鲜农副产品，发挥农业特有的经济功能；“绿”是指为市民营造生存所需要的绿色生态环境，发挥其保持生态平衡、抗灾防灾等公益功能。

日本是世界上最早开办观光农园的国家之一。日本岩水县小岩井农场是一个具有百余年悠久历史的民间综合性大市场。自 1962 年起，农场主结合经营生产项目，先后开辟了 600 余亩* 观光农园。兴建多种游览设施，吸引游客参观游览。逐步设立有动物广场：人们可以观赏到各种家畜在自然怀抱中的憨态，又增加了动物学的知识；牧场馆：每天有定时的挤牛奶表演和定时观看奶油加工过程，观赏之余，可以购买到各种包装精美而又新鲜的奶制品；别具一格的农机具展览馆：陈设有各式各样新奇古怪的农用机械，有的是现在使用的，有的是已被淘汰的，人们可以藉此了解农业发展历史和农机具知识；花圃：种植有各种花卉、盆景，每一品种都有标牌标注，并设有购买店；自由广场是野炊的好地方，还有跑马场、射箭场等。

小岩井农场独辟蹊径，用富有诗情画意的田园风光，各具特色的设施和完善周到的服务，吸引了大量游客，为农场赢得了可观的经济收入，促进了农场的发展。随着

---

* 1 亩≈666.7 m^2。

小岩井农场观光农园的发展，日本思古、寻求自然的旅游热的兴起，观光农业很快风靡全国。

为推动市民农园的发展，日本特别组团到欧洲的德国、英国、瑞士、荷兰等国考察，返回后积极推动立法工作，终于在 1990 年 9 月 20 日颁布了《市民农园事务促进法》。该法较为突出的特点是：

①规定市民农园的农地可以租借，借地期限一次可达 5 年，并对租借期内的租金、地上物及设备、所有权及使用权等问题做出了规定。

②承租市民与农园的距离，原则上以 30 分钟车程为限，但较大的都市，如东京都可达 2.5 小时，其他较大的城市也可有 1～1.5 小时的车程距离。

③农园里准许设置移动性露营帐篷、简易住宿设施、停车场、自来水与用电设备、农具陈列室及活动中心、小朋友活动用绿地广场等。

④农园内的农地，平时可以委托出租农地的农民照管，并付给适当代管费用。产品收获后，也可委托其邮寄到家，以达到扩大产品流通，增进情感交流的目的。

澳大利亚、新西兰

澳大利亚与新西兰观光旅游业的共同特点是偏重自然，偏重以农、林、渔、牧为主的观光活动，因此，观光休闲农业已成为两国观光旅游业的主流。

在澳、新两国，观光休闲农业的主要类型是度假休闲农场和观光农场。农场度假方式可分为三种：一是宿于农家内与其家庭成员共同生活；二是和农家分开居住，炊事自行负责；三是在午餐或午餐时间前去拜访而不必留宿。

澳、新两国在观光休闲农业的组织体系、规划设计及经营管理上均具特色。两国均有农业或农场观光公司，为游客安排对农业与农村的参观访问并作向导。这些农业旅游公司与许多农牧场及农园都有约定，而且能与各地旅游部门密切配合，使游客获得周到满意的服务。两国观光休闲农业在规划设计上的特点是主题单纯且具特色，突出自然美及当地特有文化，使游客有不虚此行之感。在经营管理上，强调教育解说服务，给游客以娱乐与增加知识的机会。

澳大利亚昆士兰省黄金海岸市的澳奇溪牧场建设了观光休闲农业区——“天堂农庄”，设置了剪羊毛、牧羊犬赶羊、冲泡传统澳式比利茶、骑术表演、甩马鞭等互动节目，传统的农牧业作业方法成为澳洲风情、澳洲文化的新内容，旅游主题非常突出，内容特色明显，形式生动活泼、参与度高，“天堂农庄”成为招牌旅游项目。

新西兰奥克兰市的彩虹农场，引进建设了狮子、金鳟鱼、奇鸟区，在水塘、草地、树林和路边，放置了近百年来使用过的农业生产用具，如锈迹斑斑拖拉机残部、马力板车、劳役牛马的残骸，充分展示了其农业经济发展、社会进步历程和大自然无限风光，利用农业及农村丰富的自然资源，将乡村变成具有教育、游憩、文化等多种功能的生活空间，满足现代人对休闲生活日益扩大的需求。

意大利

意大利是南欧一个重要的农业国，拥有农业生产及农产品加工企业 200 多万家，农业部门年实现附加值约 300 亿欧元。意大利水果的种植面积为 458239 hm^2，占可耕地面积的 25%，主要品种是苹果等。

意大利在 1865 年就成立了“农业与旅游全国协会”，专门介绍城市居民去农村体味野趣，与农民同住、同吃、同劳作，或者在农民土地上搭起帐篷野营，或在农民家中住宿。长期以来，意大利的农业合作经济已形成了一套较为完善的管理体系，为推动农业发展发挥了重要的作用。目前，农业旅游在发达的意大利旅游业中成为一支新兴的生力军，又被称作“绿色假期”，它始于 20 世纪 70 年代，在八九十年代发展成熟起来。意大利的农业旅游已与现代化的都市、多姿多彩的民俗民风、新型的田园生态环境融合在一起，对农村资源综合开发和利用，改善城乡关系起着举足轻重的作用。据意大利民间环保组织——环境联盟公布的数字显示，2004 年夏季有 120 万意大利本国旅游者和 20 万外国游客前往意大利各地的“绿色农业旅游区”休闲度假。

意大利的生态农业发展得很快，生态农业耕地面积比最初扩大了约 400 倍。目前，意大利拥有生态农业耕地面积 120 万 hm^2，占欧盟生态农业耕地面积的 43%。与此同时，绿色农业、生态农业的概念也被意大利人广泛接受。

意大利的农业旅游在中部阿布鲁佐的安韦萨村创建了一种特别的领养活动——“领养一只羊”，即鼓励国内外喜爱自然风光的游客通过互联网与山上的农场进行联系，并签订领养奶羊计划。作为回报，领养人可获得该农场生产的农产品，例如羊奶奶酪及萨拉米香肠等。该领养活动始于 1994 年，1996 年在当地的乳品店和农场直营店的基础上，增加了屠宰场，2001 年又有一专营农产品及地产农副产品的饭庄在山上开张。随后，通过进一步开发为游客提供更多膳宿及较高增加值的羊毛制品，从而使旅游农场逐渐呈现集群规模。

“领养一只羊”活动自身并没有明显的经济收入，但是游客到该地从事奶羊饲养活动，通过支付膳宿及商场消费拉动当地旅游经济的可持续发展。同时，还缓解了当地农村劳动力的不足，充分利用了当地闲置别墅，宣传了当地的传统文化。

美国

美国地处北美大陆南部，北临加拿大，东濒大西洋，西临太平洋，南接墨西哥和墨西哥湾。国土面积 937 万 km^2。美国是世界上城市化程度最高的国家之一，城市人口占全国人口的 75%以上，因此，农村就更显得地广人稀。美国自然资源丰富，发展农业有着得天独厚的条件。1941 年美国的农业游憩得以发展，1962 年以后，由于政府政策上的鼓励，以度假农场和观光牧场为主的农业游憩活动迅速成长。20 世纪 70 年代后，美国更加注重农业景观的保护，景观设计师的目光开始从都市回到乡村景观上，进一步促进了都市观光农业的发展壮大。

目前,美国观光农业的主要形式是耕种社区或称市民农园,这是采取一种农场与社区互助的组织形式,在农产品的生产与消费之间架起一座桥梁。

人造林中著名的有美国费城西南白兰地山谷中的"长木花园"。占地 350 英亩*,其中 4 英亩是暖房。园内花木集中,四季都呈百花争艳。芒果树、芙蓉树、仙人掌、旅人树等参天巨木与萝藤缠绕,盘根错节,花鸟成趣,曲径通幽。这个从 1800 年就开始营造的古老花园现今已设备齐全,世界各地的花卉都可以在这里生根开花,花园里的建筑也颇为别致,众多的喷泉装点,彩灯装饰,可以举办各色晚会。在布拉斯加州的奥马哈还建有另一个奇观——室内热带雨林公园。这是一座占地 6050 m^2,耗资 1500 万美元的巨大工程。相当于 8 层楼高的装有透明圆屋顶的建筑坐落在亨利·杜占利动物园中。游人在这里攀"峭壁"、穿"岩洞"、过"吊桥",漫步于森林小径中,可以看到引自亚、非、南美以及澳大利亚的 1000 多种热带植物和 90 多种野生动物,形成了完整的热带雨林生态系统。

在美国,"瓜果塑造""庄稼艺术画"等乡间艺术也颇受青睐。在辛辛那提市的一个农场里,专有用瓜果、蔬菜来塑造人物形象的园艺师,那惟妙惟肖的效果令游人瞠目。如有一只大鼻子的尼克松、神态安逸的艾森豪威尔、甜瓜里根、南瓜撒切尔等。与此相比,"庄稼艺术画"就要壮观得多了。在堪萨斯州的农田里,以田地为画布,播种机为画笔,各种庄稼作色彩,在农田里种出一幅幅大约二三十亩的生机盎然的庄稼艺术画。最著名的作品是依梵高的名画《向日葵》创作的 20 英亩的"庄稼画"——向日葵。旧金山硅谷农场主,花费了 40 年的时间造出了 67 棵艺术树,心形、波浪、楼梯、田字等各色巨型树,"教堂之窗"是用 10 株树联成的三层塔,中间造出了 20 多扇窗子。

世界各地还有许多著名的造型绿雕园,如**厄瓜多尔**的图尔坎是世界著名的绿雕王城,巨大的拱门,长长的护栏,巍巍的牌匾,全是用各式植物精心种植而成的。还有用意大利柏树修剪而成的展现印第安人文化的绿面人首、独石柱、美女等。在哥斯达黎加有一座绿色"动物园",门口盘着一只 6 m 长的大口巨蟒,园中绿色长廊迂回曲折,排列着由意大利柏雕成的各种惟妙惟肖的动物,大象、牛、羊、长颈鹿、孔雀、猴子、狗熊等等。**突尼斯**有用龙牙树林组成的古哈立特植物体育场。形象逼真,前往观览的游人络绎不绝。

观光农园现今的发展已比较成熟,游客除了观光之外,还可以购置一些纪念品,园中也多有餐饮、娱乐设施。用于观光的农园还将愈建愈多,各种专门化的观光园将日益兴旺,其造型也会更富艺术性。

---

* 1 英亩=6.072 亩。

二、国内观光农业概况

我国是个古老的农业国,有悠久的农业历史,孕育了丰富的农耕文化;我国地大物博,农业资源异常丰富,农业景观新奇多样,这些都是促进观光农业发展的内因。近年来,我国实行改革开放,居民经济收入增加,生活水平显著提高,尤其是城市居民生活消费不再仅仅满足于衣食住行,而转向多样化、高层次的文化娱乐,由于城市人口增加,生活空间拥挤,工作节奏加快,人们产生了回归大自然、向往田园之乐的强烈愿望。因而,广阔的客源市场和旅游要求为观光农业的发展提供了强有力的外因。

随着农业、旅游业的发展,农村条件的日益改善,为观光农业的发展提供了可能。世界各国观光农业发展的成功经验,也触发了中国大陆观光农业的迅速发展。在 20 世纪 80 年代后期,改革开放较早的深圳首先开办了荔枝节,主要目的是为了招商引资,随后又开办了采摘园,取得了较好的效益。于是,各地纷纷效仿,开办了各具特色的观光农业项目。如浙江金华石门农场的花木公园、自摘自炒茶园,富阳县的农业公园;福建漳州的花卉、水果大观园,厦门华夏神农大观园,建阳县黄坨乡蛇园、山东县"海上新村""鲍鱼观尝村";云南西双版纳热带雨林傣族的民舍;广西柳州水乡观光农业区;安徽黄山市休宁县凤凰山森林公园;山东枣庄石榴园;吉林净月坛人工林场;四川三台新鲁橄榄林公园;海南亚珠庄园;河南周口的"傻瓜农业园"、睢阳县的绿雕公园;上海浦东"孙桥现代农业开发区"等。这些农业观光基地大多项目独特,条件优越,既可观光游览,游客休息度假,还有许多农业节活动相辅,正在逐步形成具有中国特色的观光农业基地,为城市旅游业增添了一道靓丽风景。现以北京、上海、深圳三地举例说明。

1. 北京地区

北京郊区观光农业的发展经历了萌芽自发、政府引导、规范管理和品质提升四个时期,即 1994 年之前的萌芽自发发展时期,1995—2002 年的政府引导成长时期,2003—2005 年的规范管理启动时期和 2006 年起开始的品质提升发展时期。已经进入由规模扩张向规范管理、成熟发展的过渡阶段。观光农业在北京的发展蒸蒸日上。

(1)灿烂阳光少儿农庄　位于昌平区小汤山镇,占地17.2 hm^2。少儿农庄以锻炼少儿基本技能为宗旨,为培养少年儿童的生存、发展意识,引导和帮助广大少年儿童学会生存、自理、自力、自律、学会创造、追求真知,学会服务,乐于助人,全面提高素质提供了一块崭新的天地。

少儿农庄分为六个不同的功能区域,即学员种植区、集体种植区、养殖区、垂钓区、童话作坊和少儿活动中心。节假日孩子们可以与他们的朋友及父母一起来到农庄,在农庄艺师的指导下,浇水、除草、施肥,了解种植对象的生长过程,其余时间则由艺师们代为管理。集体种植园主要为学校劳动技能课提供了一个实践基地。养殖园养有牛、羊、鹿、兔等小型温顺家畜，孩子们可以亲手饲养它们，同时孩子们的小宠物也可以送来饲养。童话作坊分为泥塑、编织、刺绣、木工等类，孩子们可以凭借天真的想象，通过自己灵巧的双手亲自表现出来。垂钓园放养有五彩斑斓的小金鱼及其他鱼种，孩子们劳动之余，可得到彻底的放松。少儿活动中心为孩子们提供餐饮、娱乐等服务，供孩子休息、恢复体力。

灿烂阳光少儿农庄是北京市最早开发农业活动的企业之一，该项目无论是在创意上，还是在具体项目的设计上，对观光农业的发展都产生了积极的意义。

（2）十渡综合农业观光区　十渡素有“北方奇景”“世外桃源”“人间仙境”“天然氧吧”“自然空调”之称。房山区十渡镇党委和政府立足得天独厚的旅游资源优势，坚持以旅游为龙头，实施“旅游立镇、旅游强镇、旅游富民”战略，大力发展布局合理、结构优化、特色突出、导向明显的旅游区经济，初步形成了“一业带动，百业发展”的良性循环。

十渡镇一方面围绕将十渡建设成国家级风景名胜区的目标，抓景区建设，抓规范化管理；一方面大力发展休闲旅游产业，引导农民积极参与其中，把农业巧妙地融入第三产业。如今已基本形成了“山上养羊种草栽果，山下养鱼垂钓烧烤，田中精种采摘观光，户中民俗旅游住宿”的格局。

十渡镇坚持“政府搭台、群众唱戏”，先后组建了养鱼、养羊、餐饮、蔬菜、民俗等10个旅游协会，把完善的服务作为富民产业发展的有力保障。如流水养鱼协会，采取公司加农户的方式，以中国水科院鲟鱼繁育中心和市水产公司为龙头，农民只负责喂养，从规划、建池、育种、饲料、防疫、技术到回收实现了全过程服务。

观光农业的发展给十渡带来勃勃生机，它为十渡的旅游也开辟了新领域，促进了旅游业的产业化经营，带动了相关产业的发展，吸纳了大量的劳动力，保护和改善了景区生态环境，增加了农民的收入，提高了农民的文化修养，加速了城市化进程，满足了城市居民返璞归真的强烈愿望，促进了城乡间的文化交流，实现了景区旅游业发展与农民增加收入的有机结合。

（3）韩村河乡村文明游　韩村河以前只是坐落于房山区的一个普通村庄，早年曾被老百姓谑称为“寒心河”。改革开放以来，韩村河人民经过多年的艰苦努力，终于彻底改变了面貌，将它建设成为一个全国闻名的现代化村庄。1998年底，韩村河的新村建设全面完成。共建成581栋别墅式小楼和21门多层楼，全村791户村民全部住进了楼房。与此同时，各项市政配套设施也建设完毕，学校、公园、邮局、银行、商场、电话局、影剧院等应有尽有。特别值得一提的是，该村斥巨资建设完成的教育中心，集幼儿园、小学、初中、高中和大专于一体，显示出他们对教育的高度重视。如今的韩村河，已成为环境优美、设施齐备、充满生机与活力的现代化乡村都市。

1998年1月1日，由北京市旅游局发起的“98华夏城乡游”的开幕式在韩村河举行;1999 年 2 月,由中国国际旅行社组织的为期 3 天的“99 春节中外游客民俗大联欢”在韩村河村民的别墅楼内进行;1999 年 7 月 18 日,正式推出了以“登观景台,看海市蜃楼”“住别墅楼、吃农家饭,当一天社会主义新型农民”“住韩村河山庄,游遍房山美景”等内容丰富多彩的“韩村河两日游”活动;2000 年 5 月,“中国乡村发展世纪论坛”在韩村河山庄会议中心举行;同时,“房山区第六届旅游文化节”开幕式主会场设立在韩村河,并同时推出“乡村民俗游”活动。几年来,韩村河共接待旅游者 10 余万人次,其中既有来自世界各地的国际友人,也有来自沿海内地的国内游客;既有全国少数民族代表,也有港澳台同胞。

登上高 19.9 m、长城箭楼造型的观景台,俯瞰韩村河全貌,所见到的绝不是冥冥之中的幻影,而是实实在在的“海市蜃楼”:581 栋鳞次栉比的别墅楼金碧辉煌,纵横交错的街区道路干净整洁;波光粼粼、碧波荡漾的水上公园;或黄或绿、平整如毯的千亩麦田,将人们带入了一个美妙、祥和的境界。

来到韩村河山庄,这里集吃、住、娱、购多功能于一体。从十几人到 300 人不等的大、中、小型会议室,配有音响、录音、录像、扫描、摄影、幻灯等现代化设备。标准型大报告厅全部采用中央空调,每人占有座位空间 2 m^2,并配有豪华休息室、餐厅等服务设施。拥有 1100 个座位的大型影剧院礼堂,气势恢宏。山庄餐厅南北风味应有尽有,所用蔬菜全部为绿色食品,可同时容纳 500 人就餐。山庄客房曲径回廊,雕梁画栋,中西风格合璧,可同时入住 300 人,并设有保龄球、游泳馆、网球馆、桑拿房、健身房、台球厅及卡拉 OK 厅等娱乐场所。作为北京市定点燃放区,山庄内有指定区域可以燃放各色烟花礼炮。齐备的设施、优美的环境和周到的服务,吸引了一个又一个开会、参观的团体。

(4)怀柔区虹鳟鱼垂钓两条沟　怀柔区虹鳟鱼垂钓两条沟,一条是指位于三渡河“珍珠泉和龙潭泉”下游的桃峪村北沟,另一条是指位于雁栖镇“莲花泉”下游的长元至莲花池这条沟,简称为怀柔虹鳟鱼垂钓两条沟。

桃峪北沟地处怀柔区西部的慕田峪旅游沿线,距县城 15 km,西临驰名中外的慕田峪古长城,南连原始部落园,与卧佛山自然风景区自然衔接,山峰林立,险峻峥嵘,形如活佛般的巨大山体造型横卧其中,活灵活现;植被覆盖率高,满山遍野的果花和艳丽多彩的野山花,争奇斗艳,百里飘香,景色宜人。山脚下涌出的泉水,冒出串串水珠,晶莹如玉,四季稳定,水质优良,常年水温保持在 14～15℃,泉水清澈见底。桃峪北沟是京郊开发流水养殖虹鳟鱼最早、规模最大的虹鳟鱼种苗繁殖基地。

长元至莲花池一条沟,地处怀柔区城北部的范崎路沿线,包括柏崖厂、神堂峪、长元、莲花池 4 个行政村,距县城 8 km,全长 14 km,流域面积 50 多 km^2,它北连濂泉响谷自然风景区,西靠慕田峪长城,南面隔山是千年古刹红螺寺,东南为雁栖湖水上游乐园。这里自然环境优美、壮观,举世罕见的“莲花泉”泉水喷出时形成一个一尺多高的水柱，水花四溅，形如一朵莲花，实属京郊独特的自然景观。泉水清澈透明，一年四季水温保持在15℃左右，常年奔腾不息。著名的麒麟关坐落在莲花泉下，现在仍然保持着原始的古城风貌，关内关外古树参天，林立成群，迎客松、鸳鸯松数不胜数，踏城一观令人大开眼界，心旷神怡。

虹鳟鱼垂钓两条沟是集繁、育、养、垂钓、烧烤、餐饮服务、别墅住宿及民俗度假、山水风光游览为一体的农业旅游观光区域。两条沟沿途到处竖立有醒目的标牌，五颜六色的彩旗迎风招展，处处都有垂钓池、渔具、遮阳棚、凉桌和凉椅，冷饮、烧烤和野炊一应俱全，同时还建有600多间各种各样的别墅木屋和卡拉OK娱乐厅，峪北沟设有俄罗斯式小木屋，成为垂钓场内的一大特色。

2. 深圳地区

我国的观光农业是在20世纪80年代后兴起的，首先在深圳开办了一家荔枝观光园，随后观光农业发展起来。“十一五”期间深圳制定的都市农业发展总体目标，以农业园区、无公害生产基地、观光农业为主要形式，以实现都市农业的经济、社会、生态功能为发展方向，将建成集科技研发示范、休闲观光、生态屏障和提供安全优质农产品等功能于一体的现代都市农业系统。目前，深圳观光农业园区主要有：

(1)深圳市农业现代化示范区　是广东省珠三角十大农业现代化示范区之一，位于宝安区公明镇，占地面积666.7 hm^2，分为优质无公害蔬菜生产、名优水果生产和畜牧业三个现代化功能分区。到2001年底，示范区已完成133.3 hm^2 无公害蔬菜生产基地和116.7 hm^2 荔枝龙眼示范园的道路、排灌系统建设，建成多个温室大棚、育苗温室、菜地遮阳网、喷灌、滴灌等现代化农业生产设施，以及酸奶加工车间，水果烘干加工厂、水果保鲜冷库、长乐亭中心区观光休闲设施等。示范区内可供参观娱乐的景点有：长乐亭观光区、光明农场滑草区、大宝鸽场、牛奶加工厂、荔枝示范园等，还有独具特色的光明乳鸽套餐。

(2)深圳西部海上田园　是全国农业旅游示范点，位于深圳宝安沙井，地处深圳西部珠江入海口，面积173万 m^2。海上田园以自身独特的基塘田园风光为依托，集旅游观光、休闲度假、会议培训、生态科普为一体，以迷人的景观、多变的布局将一片沿海滩涂变成了旅游胜地。园区内共设有基塘田园、农家风情寨、欢乐天地、田园广场、生态文明馆、生态度假村、水乡新村、桃林苑、生态科普雕塑群、红树林实验基地等十大景区。位于芦花湖畔的生态度假村和水乡新村，其建筑风格多姿多彩。树居、船居、螺姬居、平安居、富贵居、水上木屋等客房共有200余间；提供多种规格的会议室，配套网球场、夜总会、健身房等娱乐健身项目；明月楼提供中式、西式餐饮系列服务，其原料主要采自园区湖泊自养的鱼、虾、蟹及园内菜地种植的蔬菜瓜果；农家小院提供多种风味的农家特色餐饮。

3. 上海地区

上海的观光农业萌芽于20世纪80年代后期,在90年代出现了有组织的观光农业旅游。在此期间,以浦东孙桥现代农业科技园区为代表的农业科技科普游发展起来,随后在南汇开发了以赏桃、品桃为主题的农业旅游,形成了年年开展的桃花节。到2007年,上海共有166个观光农业景区(点)分布于上海10县区。上海具有代表性的观光农业园区有:

(1)上海孙桥现代农业开发区　成立于1994年9月6日,园区规划面积为4 hm^2,是全国第一个综合性现代农业开发区。2001年4月经浦东新区人民政府批复,园区规划面积为9.32 hm^2,同年9月科技部根据此规模评定孙桥园区为全国首批21个国家农业科技园区之一,即上海浦东国家农业科技园区。

伴随浦东开发开放和发展的进程,园区也先后被批准为全国科普教育基地、全国青少年科技教育基地、首批21家国家科技园区之一、全国农业产业化重点龙头企业、国家引进外国智力成果示范点等荣誉称号。成为全国首家通过ISO 14001环境管理国际、国内双认证的农业园区。

(2)上海四季百果园　位于江南古镇朱家角以北5 km,西靠东方绿洲,紧邻大千庄园,占地600多亩。上海四季百果园以自然生态环境、农业资源、果树资源、田园景观、休闲度假、乡土文化等为基础,为都市人提供生态观光、休闲度假、增长农业知识、了解和体验乡村居民场所的一处绝佳胜地。

整个园区分休闲度假区、果树蔬菜种植区、水上活动区、奇花异果培植区、拓展培训区五个区域,是集游览观光、度假娱乐、养殖家禽、水上垂钓、水果采摘、田间劳作、科学实验、人员培训等八大功能为一体的综合休闲度假园区。

上海四季百果园以"一年见绿,两年见花,三年见果"为初期目标,建成一个万紫千红、瓜果遍地的富有田园色彩的生态农庄。

(3)南汇桃花村景区　南汇地处东海之滨、杭州湾畔,河港纵横、物产丰饶,田园风光宜人。南汇有近5万亩桃林,种植面积之大,品种之多,为华东之最,有"桃花源"的美誉。

从1991年起,南汇每年三、四月间都要举办桃花节。旖旎的海滨水乡风光与绚丽的桃花美景交相辉映,成为上海南汇桃花节的一大鲜明特色。

上海南汇桃花节的另一鲜明特色是美丽的自然景观与淳朴的乡情民风水乳交融。游客漫步在田埂小径间,休憩于鸟语花丛中,既可垂钓,也可品尝富有乡野趣味的野荠菜馄饨、南瓜饼、香瓜塌饼、三黄鸡、新鲜鱼虾,还可观赏舞龙舞狮、桃花篮、江南丝竹、锣鼓书、荡湖船等具有浦东地方特色的民间文艺表演。

南汇桃花节经过多年的发展和积累,已成为上海知名的重大旅游节活动之一,它向广大游客展示南汇优美的田园风光、淳朴的乡情民风，展现南汇人民投身改革、奋发向上的精神风貌，展望都市农村新世纪南汇的美好发展前景，是南汇对外形象宣传的重要载体。

(4)上海五厍农业休闲观光园　上海市松江区五厍休闲观光园的区域面积有11.19 km^2，耕地面积10844亩，是一个具有休闲度假、娱乐、健身、商务、农业观光、农业养殖、民族村村落文化、生态食品、野味餐饮等功能的农业旅游休闲度假园区。它的休闲旅游观光园区由江南小屋、晚清小筑、世外仙阁、庄园楼及日式木屋等组成。休闲农业参与项目集中在格林葡萄农庄、番茄农庄、水上人家、花卉园区等场所。

在格林葡萄庄园，可以自种蔬菜，捉草鸡土鸭，尝农家野味，在林中野餐，湖边烧烤，厅堂火锅，感受原汁原味的田园食趣；番茄农庄在农业种植养殖的基础上，以民族地区的建筑风格，建造了一批乡土民族风格浓郁的旅游设施，由蒙古村、西藏村、新疆村、苗家村、江南村组成；水上人家占地90亩，与400多亩的养殖水面浑然天成，其中，小桥流水，楼台亭榭错落，极富水乡情趣；花卉园区拥有1000亩的花木园艺基地，专业培育各种色彩鲜艳的时令盆花。

4. 台湾地区

台湾的观光农业起源于20世纪60年代末70年代初，由于台湾农业发展出现萎缩和衰退的现象，台湾采取发展融"生产、生活、生态"为一体的休闲观光农业政策，使农村从第一产业向第三产业延伸。随着现代旅游业的发展，近年台湾实施了"观光资源永续发展策略"，对旅游资源重新进行整合和总体规划，以适应需要。台湾具有代表性的观光农业园区有：

(1)香格里拉休闲农场　位于宜兰大元山山麓之中休闲农业区内，属于冬山河流域上游。海拔高度约76 m，属于典型的农村风貌。农场中有建在稻田中的五星级酒店、中山休闲农业区、珍珠社区、稻草艺术节、冬山风筝节、风筝博物馆、白米社区木屐文化等。来到香格里拉休闲农场，可以依照时令进行采果，园区积极复育萤火虫，每年4—5月份荧光点点，更有草编、拨浪鼓、彩绘陀螺、天灯制作及木烙等DIY体验。

(2)苗栗通霄飞牛农场　牧场绿草如茵，风景优美。1985年结合日本牧场和美国的景观设计，造就了今天的美景。飞牛牧场主要的自然资源为奶牛及蝴蝶，所以设计以"飞牛"二字作为结合，更以天空、奶牛和草原的颜色调和出"飞牛牧场"的标志。主要游乐设施有：动物农庄(蝴蝶生态解说、挤牛奶、喂小牛等)DIY教室(彩绘肥牛、制作牛奶蛋糕等)、自然环境与景观(飞牛夕景、松鼠觅食、自然生态步道等)，另外还有影音设备、观光马车等等。

(3)台一生态教育农场　原名台一种苗场，成立于1990年，主要提供蔬菜和草花。1991年开始将观光农业与生态教育的构思纳入经营体制，至今结合生产、生活、生态“三生一体”,获得巨大成功。农场的特色主题园区有:花神庙、雨林风情馆、悦鸟园、蝶舞馆、绿雕公园等。

三、我国观光农业近年来的发展特点

第一,观光农业以观光、休闲功能为主,主要包括观赏、品尝、购物、农作、文化娱乐、农业技艺学习、森林浴、乡土文化欣赏等。由于农业受气候条件的影响,因而观光农业的内容及时间也具有明显的季节性特点。目前,由于观光农业区服务设施不完善,度假性和租赁性的观光农业项目自然偏少,所以大陆的观光农业仍处在起步—发展的阶段,尚未形成更高层次的内容和功能。

第二,观光农业与旅游业相结合,形成了具有“农游合一”的观光农业特点。观光农业区往往靠近旅游景区或景点,观光农业的项目是旅游业项目的组成部分,旅游者通过观光农业可以获得丰富的农作体验和田园风光的享受,达到游览风景名胜和观光农业的双重目的。在经济上获得农业和旅游业的综合效益。这种农业和旅游业的结合,可以实现观光农业带动旅游业,旅游业促进观光农业的发展。

第三,观光农业多分布在东部经济发达省(区、市)和大城市郊区以及旅游业比较发达和特色农业地区。东部地区经济发展比较快,居民经济收入增加,生活质量提高,旅游要求增强,这为当地发展观光农业提供了广阔的客源市场。同时,农村经济的发展,农村条件的改善,也为发展观光农业提供了可能。所以,东部沿海省(区、市)是观光农业发展较早、较快的地区,如广东、福建、海南、浙江、江苏、上海、山东、河北、天津、北京、辽宁等。内地云南、四川、河南、黑龙江、新疆等省(区),由于旅游业或特色农业(绿洲农业)发达也发展了观光农业。今后其他省(区、市)随着经济的发展,各具特点的观光农业将会逐步发展起来。

观光农业不但会成为地方农民的文化中心,城市居民的休闲地,而且也会吸引大量海外游客,因为中国的农耕文化对欧美等地的国际游客具有强烈地吸引力。各种具有地方色彩的劳动记忆对外国人甚至外乡人都是陌生和有趣的,各种异地农业景观也别具一格。这种对自身文化景观资源的利用形式,既可以向西方旅游者提供“信念生产”这一最基本的人类活动的感性认识,还可以追溯中国的历史、土地制度、农业管理和农耕文化。还有各种农事节令、农业建筑等都将随着观光农业的发展变为颇有开发前景的资源。

第三节　中国发展观光农业的优势

中国有着深厚的农业文化沉淀和丰富多彩的农俗农事,随着全国经济的发展和改革开放,有农业休闲娱乐要求的人越来越多,发展观光农业有着很大的优势。

第一，旅游业的飞速发展为观光农业旅游提供了充足的客源。观光农业既然属于旅游业和农业的交叉产业，其发展就与旅游业的整体发展密切相关。我国旅游业从 1994 年到 2000 年，旅游外汇收入增长了 122%，年均增长 14.2%；国内旅游收入增长了 210%，年均增长 20.8%。由统计得知，国内旅游增长速度远远超过入境旅游，但到 2000 年为止，旅游外汇收入与国内旅游收入之比仅为 1∶2.5，国内旅游仍有很大的发展空间。而观光农业招揽的游客主要是面向国内，根据有关资料统计，我国城镇居民每年的旅游人次和旅游支出也在逐年增长，因此，可以预测，观光农业的客源有着充分的保证。

第二，地域辽阔，有着丰富多彩的自然景观资源。我国地域辽阔，气候类型，地貌类型复杂多样，拥有丰富的自然资源，并形成了景观各异的农业生态空间，具备发展观光农业的天然优势。

第三，农业景观资源丰富。我国既有南方的水乡农业景观，又有北方的旱作农业景观，绿洲农业景观，草原牧业景观等。

第四，特色的农业文化丰富多彩。我国特色的农耕文化、民俗风情、乡村风貌、田园生活等丰富多彩的农村文化给观光农业注入了精神的内涵，使观光农业有着更强的生命力。

因此，观光农业在我国有着美好的发展前景。

第二章　观光农业园区景观规划设计原理

观光农业是一种以农业和农村为载体的新型生态旅游业，是农业和旅游业有机结合的一个新兴产业。它以发展绿色农业为起点，以生产新、奇、特、优农产品为特色，依托高新科技开发建设现代观光农业园区，是农业产业化的一种新选择。

第一节　观光农业园类型

一、观光农业的产生及意义

近年来，伴随全球农业的产业化发展，人们发现，现代农业不仅具有生产性功能，还具有改善生态环境质量，为人们提供观光、休闲、度假的生活性功能。随着收入的增加，闲暇时间的增多，生活节奏的加快以及竞争的日益激烈，人们渴望多样化的旅游，尤其希望能在典型的农村环境中放松自己。于是，农业与旅游业边缘交叉的新型产业——观光农业应运而生。

观光农业是将农业与旅游结合起来的区域特色经济，旅游与农业的结合有着诸多契机。旅游与农业都是对地域特色资源的开发。旅游景点是一个地区有特色的山水、名胜或风土人情，让人们见识更多不同的风景、民俗，开阔人的视野。不同地方由于气候、地理位置的不同会有各自的地区农业生产方式和品种，“橘生淮南为橘，淮北为枳”。农业的区域性由此可见一斑。观光农业正是这两种地方特色相结合的结晶。

观光农业结合农业的产业化发展与旅游景点、旅游方式的开发，让农业发展成为旅游点的一部分。这样，游客除欣赏旅游景点之外，更可以挥竿垂钓，亲手摘食水果和蔬菜，真正接触大自然，自助游享受休闲时光。其次，观光农业可以扩大该地区的影响力和知名度，增加农业公司和旅游公司的无形资产，发展“注意力经济”。另外，观光农业可以充分发挥区域自然地理优势，以游带农，以农促游，农游互补，建起既有经济价值又有观赏价值的农业。

但是，由于农业的季节性较强，对气候的依赖性较大，因此，观光农业应及时根据天气情况和农业不同季节发展情况进行旅游线路、观光内容及价格等方面的调整。观光农业既不是纯粹的农业开发，也不是传统的旅游开发，它的发展必须兼顾农业和旅游的发展规律。此外，还要考虑兼顾环境保护与生态平衡。

二、观光农业与乡村旅游的区别

观光农业与农业有关，并不等于乡村旅游。对于农业而言，观光农业是以农事活动为基础，以农业生产经营为特色，把农业和旅游业结合在一起，利用农业景观和农村自然环境，结合农牧业生产、农业经营活动、农村文化生活等内容，吸引游客前来观赏、品尝、购物、习作、体验、休闲、度假的一种新型农业生产经营形态。

观光农业是指在充分利用现有农村空间、农业自然资源和农村人文资源的基础上，通过以旅游内涵为主题的规划、设计与施工，把农业建设、科学管理、农艺展示、农产品加工、农村产品出让及旅游者的广泛参与融为一体，使旅游者充分领略现代新型农业艺术及生态农业的大自然情趣的新型生态旅游业。

所以说，观光农业是专指与农业有关的旅游内容和形式，与乡村旅游的概念是不同的，后者是以农村为环境空间或以农民为旅游主体所开辟的，与乡村文化相关的一切旅游形式的总称。显然，观光农业与乡村旅游有很大的交集，但两者并不能简单等同。

三、观光农业的类型

目前，观光农业种类繁多，各种形式的观光农业在发展水平、成熟程度及政府扶持措施等方面各有差异。主要有以下几种类型。

1. 观光农园

观光农园是指开发成熟的果园、菜园、花圃、茶园等，让游客入内摘果、摘菜、赏花、采茶，享受田园乐趣。这是国外观光农业最普遍的一种形式；对生产者来说，观光农园虽然增加了设施的投资，却节省了采摘和运销的费用，使得农产品价格仍然具有竞争力。对于消费者来说，这种自采自买的方式，不仅买得放心，而且还达到了休闲的效果。所以，观光农园已经成为目前观光农业最普遍的一种形式(图 2.1)。

图 2.1　观光农园

2. 休闲农场

休闲农场是一种综合性的休闲农业区。农场内提供的休闲活动内容一般包括田园景色观赏、农业体验、自然生态解说、垂钓、野味品尝等,除了观光旅游、采集果蔬、体验农耕、了解农民生活、享受乡土情趣外,还可以住宿、度假、游乐(图 2.2)。

图 2.2　休闲农场

3. 市民农园

市民农园是指由农民提供农地,让市民参与耕作的园地。从承租目的看,市民农园既有自助菜园型,又有休闲观赏型,还有田园生活体验型。最有特色的是市民农园里所生产的农产品不能出售,只可自己享用或者赠送给亲朋好友。从运作方式看,多数租用者只是利用节假日到农园作业,平时则由农地提供者代管。从发展趋势看,有些市民农园与观光果园、花圃相结合,向多元化经营迈进(图 2.3)。

图 2.3　市民农园

4. 农业公园

农业公园是指按照公园的经营思路，把农业生产场所、农产品消费场所和休闲旅游场所结合于一体的公园。农业公园的经营范围是多种多样的，除果品、水稻、花卉、茶叶等专业性的农业公园之外，大多数农业公园是综合性的。园内设有服务区、景观区、草原区、森林区、水果区、花卉区及活动区等。既有迷你型的水稻公园，又有几十公顷的果树公园，但一般在 1 hm^2 左右。农业公园的经营方式，既有政府经营免费开放的，也有收取门票的公园。从提高经营效率、增加农民收入与减轻政府财政负担方面考虑，以财团法人的经营方式最受欢迎。

5. 教育农园

教育农园是兼顾农业生产与科普教育功能的农业经营形态。代表性的有法国的教育农场、日本的学童农园、中国台湾的自然生态教室等。

6. 民俗观光村

民俗观光村是指到民俗村体验农村生活，感受农村气息。

除上述类型之外，还有假日花市、森林游乐区、屋顶农业等其他形态。而且除了种植业观光园林外，近年来，观光农业还不断向畜牧业、渔业方面发展，出现了观光渔场、牧场等，利用林产、畜禽、鱼贝之类，促进农业和旅游业的综合发展。

第二节　观光农业园规划设计的依据和原则

观光农业是传统农业与现代旅游业相结合的产物，是具有休闲、娱乐和求知功能的生态、文化旅游。进入 21 世纪，观光农业将是重要的娱乐产业，观光农业园作为观光农业的主体必将得到更进一步的发展。观光农业园采用生态园模式进行观光园内农业的布局和生产，将农事活动、自然风光、科技示范、休闲娱乐、环境保护等融为一体，实现生态效益、经济效益与社会效益的统一。

一、观光农业园规划设计的依据

通过科学规划设计，现代化的观光农业生态园应该是一个具备多种功能的“生态农业示范园”“观光农业旅游园”“绿色食品生产园”及“科普教育和农业科技示范园”，从而实现生态效益、经济效益和社会效益的统一和可持续发展。

1. 生态农业示范园

观光农业园设计采用多种生态农业模式进行布局，目的是通过生态学原理，在全园建立起一个能合理利用自然资源、保持生态稳定和持续高效的农业生态系统，提高农业生产力，获得更多的粮食和其他农副产品，实现可持续的生态农业，并对边缘地区的农业结构调整和产业化发展进行示范，体现生态旅游特色。

2. 观光农业旅游园

观光农业园规划将紧紧围绕农业生产，充分利用田园景观、当地的民族风情和乡土文化，在体现自然生态美的基础上，运用美学和园艺核心技术，开发具有特色的农副产品及旅游产品，以供游客进行观光、游览、品尝、购物、参与农作、休闲、度假等多项活动，形成具有特色的“观光农业旅游园”。

3. 绿色食品生产园

在“绿色消费”已成为世界总体消费的大趋势下，生态园的规划应进一步加强有机绿色农产品生产区的规划，以有机栽培模式采用洁净生产方式生产有机农产品，并注意将有机农产品向有机食品转化，形成品牌。

4. 科普教育和农业科技示范园

通过在园区内建设农业博物馆、展示厅等，对广大游客和中小学生开展环保教育和科普教育。同时适应当前中国农业发展及农业结构调整的需要，把园区规划成农业技术交流中心和培训基地以及大专院校学生实习基地，体现观光农业生态园的旅游科普功能，进一步营造旅游产品的精品形象。

二、观光农业园规划设计的原则

观光农业园规划时应遵循因地制宜、培植精品、效益兼顾的原则。

1. 因地制宜，综合规划设计

观光农业项目应突出“农”字，继续以农业经营为主，应充分考虑原有农业生产的资源基础，要在基本不影响原有农业产销工作的情况下，搞好基础设施建设，如交通、水电、食宿及娱乐场和度假村的进一步建设等。另外，观光农业园规划必须结合园区所处地区的文化与人文景观，开发出具有当地农业和文化特色的农副产品和旅游精品，服务社会。

2. 多项功能，提高游效

观光农业中的“观光”一词，不应理解为狭义的观光功能，而是一个涵盖了多种功能的综合性概念，它包括观光、休闲、度假、教育、体验、参与、娱乐、品尝、购物、求知等系列内容。对观光农业项目，要合理规划和开发，使其具有多种功能，切忌搞“单打一”，以迎合游客“自由选择、各得其好”的心理，增加游客参与的质量和程度，达到增加游时，提高游兴，增强游效的目的。

3. 培植精品，营造主题形象

基于观光农业园缺乏拳头产品，难以深度开发的现状，规划应以生态农业模式作为园区农业生产的整体布局方式，培植具有生命力的生态旅游型观光农业精品。另外，要发挥生态园已有的生产优势，采用有机农业栽培和种植模式进行无公害蔬菜的生产，体现农业高科技的应用前景，形成产品特色，营造“绿色、安全、生态”的主题形象。

4. 纯朴自然，便利实用

观光农业项目开发要努力做到投资少，见效快。各种资源的配置及设施要力求简单方便，道路交通、公用及服务设施要便利实用。一般而言，不要在观光农业区大兴土木，过多地兴建泥土造型，堆山垒石，广筑亭、台、轩、洞、门，或到处复制古典园林，追求古香古色，甚至搞些不种花的花架，不走人的园门。如果背本趋末，将会失去农业观光的价值和对市民的特殊吸引力。

5. 效益兼顾，实现可持续发展

观光农业园的规划设计以生态学理论作指导思想，采用生态学原理、环境技术、生物技术和现代管理机制，使整个园区形成一个良性循环的农业生态系统。经过科学规划的园区主要是以生态农业的设计实现其生态效益；以现代有机农业栽培模式与高科技生产技术的应用实现经济效益；以观光农业园的规划设计实现它的社会效益。经济、生态、社会效益三者相统一，建立可持续发展的观光农业园。

第三节 观光农业园规划的目标和内容

在现代社会中，农业已不仅是为人们提供衣食基本物质产品的生产部门，而且日益与环境、休闲、教育、文化等精神生活相连，成为多部门结合的产业。通过利用农业资源，发挥地方特色，形成多样化、精致化与独特性，将自然景观、农产品及农村人力等各项资源结合并动员起来，产生资源的叠加效应，协助农业转型，增强农业产业活力。

一、观光农业园规划具体发展目标

第一，调整优化农业生产结构，大力培育和引进优良品种，通过建立具有地方特色，以名、优、新、特品种为主体的，以市场为导向的观光农业产业，促进农业可持续发展。

第二,根据观光农业园区的特点,建设无公害蔬菜生产基地、优质谷物生产基地、水果生产基地、畜禽与水产养殖、速生丰产林基地、花卉生产基地等,吸引不同层次观光人群。

第三,大力推广农业科技,兴办各种类型的高科技观光农业示范基地,包括观光农业科技研发、科技示范、科普教育基地。

第四,加强示范观光农业园区的建设,努力将园区建设成为生态环境优美的绿色生态示范园区。

二、观光农业园规划具体内容

观光农业园区规划应本着实事求是、因地制宜、与当地的景观有机结合的原则,使各景观相辅相成,相得益彰,充分利用农业园区的资源进行观光农业的规划。

1. 以山地丘陵为主体的林果采摘观光农业园区的规划

在有山地和丘陵的地区可以因地制宜,发展水果采摘园。水果品种要充分考虑自然环境条件和自身的传统优势,除了一些普通的水果,还要发展有观赏价值的果木园林,同时通过对观光农业园区的景观进行规划设计,以吸引更多的游客,创造更大的经济效益。

2. 以平原地区为主体的蔬菜及花卉观光农业园区的规划

在平原地区要规划一些观光农业园区的景观,如亭子、园林植物景观、喷泉等,以供游人休闲娱乐;还要加入蔬菜和花卉的规划,以突出观光农业园区的特色。当然,在这些区域可以对学生进行科普教育,作为科普教育基地。

3. 以水库、池塘为主体的垂钓休闲观光农业园区的规划

对于有水域的地方,要充分利用区域内的水面,规划垂钓休闲的观光农业园区,可供游人在闲暇时能够垂钓,并可以同时进行烧烤,在享受田园风光的同时,也享受乡村的美味。另外,在规划设计的同时也要考虑到农业园区的生态平衡,以建设生态观光农业园的理念对其进行规划设计。

第四节　观光农业园区景观旅游资源开发

观光农业园区景观规划设计主要是对城郊的农业园区内的景观进行规划,以满足游客的旅游观光休闲需要,丰富了都市居民休闲娱乐内容,同时为乡村带来社会经济效益。

观光休闲农业园区景观旅游资源开发项目包括以下内容:

一、生态回归游

生态回归游方式是向旅游者提供没有或很少受到干扰和破坏的自然和原生文化遗存旅游环境。以园区优美的自然生态环境来满足久居城镇的居民渴望回归自然、融于自然、享受大自然的恬静和安详，放松疲惫的身心。它的内涵更强调的是对自然景观的保护，是可持续发展的旅游方式。

1. 观光农业园区生态回归游规划目标

观光农业园区生态回归游规划的基本目标是观光农业园区资源及其环境的保护。在观光农业园区规划时要有效地保护园区生态系统多样性、景观多样性以及园区可持续发展性。

在保障基本目标实现的同时，还要考虑到观光农业园区的社区经济发展。在不破坏生态环境的情况下开展生态旅游，经过形象策划推出独特的观光农业园区生态回归游产品，力争给观光农业园区带来好的经济收益，促进园区资源利用的良性循环。

2. 观光农业园区生态回归游规划内容

观光农业园区景观设计时，要在不同地段设计不同的产品，重点放在不对环境造成破坏性影响和能为游客合理利用的项目上。要把景观生态学原理导入生态旅游产品的规划设计中，使得人工景观与天然景观共生程度高，真正做到人工建筑的“斑块”“廊道”和天然的“斑块”“廊道”“基质”相协调。在设计中还应注意对当地民俗及风土环境等文化内涵的研究，注意从地方居民中汲取精华，从文化学的角度来探讨风景建筑的文化归属，从而找出其创作的着眼点，设计出得体于自然，巧构于环境的风景建筑。另外，可以在生态旅游地适当搞些仿生建筑，以亲切、新奇和协调取胜。

3. 观光农业园区生态回归游实施

要根据观光农业园区景观特点设计出独特的生态游产品，以形成不同的生态回归情调，在环境容量允许的前提下，要尽量增加客源，吸引更多的生态游人。

具体规划设计产品项目，必须根据园区的生态保护要求分别处理，尽量减少人为破坏，天然的斑、廊、基地段格局与规划措施的廊、斑等两个层面关系必须协调；斑、廊、基所构成的排列图示要考虑生态系统彼此之间的关系，以便有利于物种和生态群落要求的彼此联系和发展；从处境分异（分地段）去促进景观多样性和生物多样性的保护措施。

二、观光采摘游

观光农业园区独特的资源优势开展果品及其他农作物采摘,园林式的园区旖旎风光,开都市观光休闲活动之先河,让游客不采摘也享受。

观光采摘园是随着近年来生活水平和城市化程度的提高以及人们环境意识的增强而逐渐出现的集园林、旅游、果园生产采摘于一体,经济效益、生态效益和社会效益三结合的综合产物。观光采摘游将生态、休闲、科普有机地结合在一起,同时,生态型、科普型、休闲型的观光采摘园的出现和存在,也客观地促进了旅游业和服务业的开发,有效地促进了城乡经济的快速发展。

1. 观光采摘园景观特性

观光采摘园环境规划以大自然为舞台,以传统文化为内涵,以休闲、求知、观光、采摘为载体,因地制宜,依托乡土树种和当地材料创造出简洁、质朴、美观的园林景观。依据设计指导思想和我们对于果园观光采摘的理解,结合实地考察展开设计,并在原有果园现状的基础上,合理布局,丰富植物景观群落的同时,力求保持各个果园的原有特色,强调果园仍以生产功能为主的同时,使其观赏效果、景观特性大大加强。使游览者获得身心健康,知识增益的同时,又能增强采摘者热爱自然、保护环境的意识,营造成具有自然性、独特性、文化性、参与性和持续性的现代化观光采摘园。

2. 观光采摘游规划目标

观光采摘园规划建设的目标是力求使游人在果园中感悟到其天然之美,满足游人增长果树科普知识的同时,得到追求美的心理需求和观赏需求,力争创作出一个"望之生情,览之动色"的观光采摘园。

3. 观光采摘游规划建设

观光采摘园的园林化建设以生态学为指导,园林植物与果树及整个乡村环境景观相结合,形成一个完善的、多功能的、自然质朴的游赏空间。由于园林植物形态各异,颜色多种多样,而且展叶开花不同,所以可以利用果树和园林植物组成春华秋实的绚丽多彩的画面。在观光采摘园规划中植物配置以观光农业园区的特色植物为主,春天观花,秋天观果,果园中的园林小品用园林植物为背景或以精心设计的植物配置烘托主景,力求用赏心悦目的视觉效果来表现园林意境、抒发情怀。因此,从景观特征来看,在果园及其周边的环境品质提升的同时,形成粗放、宽广的以大自然环境为主体的景观,满足人们娱乐、休闲的需求。

山区特色林果业、养殖业和休闲旅游业的主导产业地位进一步确立,使其优势得到充分发挥。加大农业资源和旅游资源的整合力度,达到自然景观、人文景观与农业园林景观的和谐统一;利用多元投资的方法,完善采摘园区和旅游景区的基础设施建设;在果树品种上做到品种优化和资源科学配置,提高科技含量,打造全新的生态农业区;理顺销售渠道,建立高素质的销售队伍,充分利用农村经济合作组织,为农民牵线搭桥。

观光采摘园要以高标准的园内基础设施、高规范的科普展示项目、高水平的生态环境营造以及各具特色的园林景观小品、极具风味的果品采摘游乐活动吸引大量游客,同时使得各地现有果园的不规范得到很好控制。

观光采摘园规划建设要充分利用果园优越的地理位置、优美的自然环境及便利的交通,统一规划,合理布局,适应游客的各种品味及需求,把观光采摘园建成了一个集生态示范、科普教育、赏花品果、采摘游乐、休闲度假、生产创收于一体的综合性果园。

4. 观光采摘园规划建设存在的问题

国外的许多国家,旅游观光果园作为果园增收的一项有机组成,已成为果园发展的一部分。而在我国,虽然果园观光采摘已逐渐成为人们关注的热点,部分地区也已投入了相当的财力和物力,但就目前而言,许多果园都缺乏服务意识,建得很不规范,不符合观光要求,其“晴天一身土,雨天一脚泥”的环境现状常常让游人乘兴而来,败兴而归,对观光果园今后的发展产生很不好的影响。因此,一方面,我们要结合本国国情、体现当地特色,在不断完善园内基础设施的同时,增设各种设施,丰富内容,力求与国际接轨、与世界同步;另一方面,在建立标准示范园的基础上,形成一套观光果园的建设办法,为观光果园的建设提供一个可资借鉴的样板与参照。

三、民俗体验休闲度假游

休闲度假游是以农村、农民和农业独特的生产形态、民俗风情、生活形式、乡村风光、乡村居所和乡村历史文化为依托,充分利用城乡差异特点,为人们提供兼有观光、娱乐、休闲、体验、教育等功能的活动场所和活动形式,从而满足人们亲近自然、求新求变、休闲度假的消费需求。

1. 休闲度假游规划目标

观光农业园区休闲度假游以园区的景观特点、地理位置、交通便利程度等为基础综合考虑进行开发。观光农业园区民俗体验休闲度假游规划主要是根据地方文化和生活习惯,展现民俗风情、民族文化等,同时又结合园区里的度假别墅、生产草坪,配备常见的运动设施。建立临水游憩区以满足都市人的亲水、戏水的渴望。

2. 休闲度假游开发模式

(1)民俗文化休闲　充分挖掘地方文化和生活习惯,积极努力配置民俗表演项目,使各地民俗村真正具有自己的特色和持续发展力。包括民俗风情、民族文化、古村落文化、农家乐、节庆活动(如植树节、花卉观赏节、梨花会、风筝节等活动项目)等。

主要模式:民俗旅游与农业观光采摘相结合;民俗风情与现代民族文化相结合;历史文化与现代文化相结合;农村文化与古村落观光相结合;农家娱乐与节庆活动相结合。

(2)休闲度假村 结合城市郊区旅游的需求,完善度假村设施,丰富娱乐项目,让旅游者能留住、吃好、住好、休闲好。

主要模式:依托自然景观的度假村;依托森林景观的度假村;依托河流景观的度假村;依托温泉资源的度假村;依托观光采摘的度假村;依托民俗旅游的度假村。

(3)运动休闲 针对人们日常工作压力大、工作时间紧、身体体能消耗大的特点,假日休闲希望能有运动休闲,既休闲又能增强体质。因此,需要有针对性地修建和建设休闲运动项目。

主要模式:高尔夫球场;滑雪场;赛马场;划船比赛。

3. 休闲度假游功能

(1)生态功能 休闲度假游以其特有的田园风光,民俗风情,让人感受到返璞归真、回归自然的乐趣,并达到体验生活、增长见识、怡情怡智、陶冶情操的效果,在发展中坚持开发与保护并重的原则,进行合理开发,利用资源,使生态、生产科研和市场相融合,使自然景观、人文景观与农业园林景观得以和谐统一,生态环境保持良好状态。

(2)娱乐休闲功能 通过开发休闲观光农业,为游客提供洁净优美的休闲游览场所。开发休闲农业等农业旅游项目,让游客体验农耕和丰收的喜悦,如到田野乡村去踏青、九月九重阳节登高赏菊花;此外,民间龙舟竞渡、棋类竞技、武术、舞狮子等都在现代休闲观光农业的开发中得到了保留和发展,有的还融入新农村建设等时代特色的新内容,从而赋予了新的含义,使得农村优秀文化得到传承和发展。使城镇居民既得到娱乐休闲,又能增强体质。

四、科普实习探索游

现阶段我国农业科普存在很大的市场空白,科普教育和农业科技示范性不强。科普教育就理所当然成了观光农业和农业科普发展的新方向。利用优质农业资源基地开展科技观光,以展示现代化的种植栽培技术、园艺,充分展示科学技术向生产力的转化。

农业观光,不仅仅是一种自然观光旅游,它更是一种注重保护自然的高层次旅游活动和教育活动。观光农业园区其实质是具有休闲、娱乐和求知功能的生态、文化科普的休闲园区。大多数生态园都没有设立专门的科普教育中心和环保教育宣传基地，无法为当地大中专院校提供课外实习基地和小学环保教育基地。再加上导游素质较低，所以生态园很难发挥相应的教育功能，对周边地区推广和示范现代农业技术的效用性不强，无法为我国农业和科普事业的发展营造良好的环境。

观光农业和农业科普的发展是相统一的，旅游科普是观光农业和农业科普的统一产物。旅游科普是以现代企业经营机制，开发农业资源，利用农业资源的新兴科普类型。它的引入将解决目前困扰我国现代观光农业和科普事业发展的诸多瓶颈问题，缓解我国农业科普客体过多的沉重压力，为我国农业和科普事业的发展营造良好的环境。

观光农业科普规划时应遵循知识性、科技性、趣味性原则，例如可以通过在生态园中设立农业科普馆和现代农业科技博览区等科普教育中心，向游人介绍农业历史、农业发展现状，普及农业知识和加强环保教育。还可在现代农业科技博览区设立现代农业科技研究中心，采用生物工程方法培植各种农作物，形成特色农业，即面向群众宣传普及植物和农作物栽培科普知识，加强其环保意识。同时还应利用园区紧邻市区、交通便捷、出行安全可靠等优点，面向广大中小学生开展"生态观光一日游，动植物知识面面观"的科普教育活动。这样生态园一方面可以为当地及周边地区的科普教育提供基地，为大中院校和中小学生的科普教育提供场所，同时也为各种展览和大型农业技术交流、学术会议和农技培训提供场所。

五、观光休闲农业园区规划建设开发启示

1. 从城市化进程的角度

城市在快速的城市化发展过程中出现了快速的蔓延和扩张，这也就给了城市边缘区农田景观演变一种不确定的空间限制条件，它们必须要迎合未来城市扩散对土地资源重新分配的需求。这就要求农业土地一方面在经济上有利可图并转向专门化，在成为都市居民的公共开放休闲空间而获得增值。另一方面，还要求自然环境保留"原始野性"的价值，因为它们不带有任何都市标记而受到推崇。农田应与城市的绿地系统相结合，成为城市景观的绿色基质。因此，我们认为城市化不简单是城市景观向乡村的蔓延，城市的扩展、疏解大城市的机能以及提高田园城市公共生活的水平与质量应该在保持农田景观应有的规模和乡村风光特色前提下进行。

2. 从旅游业发展的角度

目前我国已成为国际旅游的主要目的地之一。国内旅游已进入快速发展阶段，旅游产品正从观光型向观光、度假和专项旅游相结合的趋势发展。而观光旅游正与度假旅游和专项旅游一起，成为 21 世纪我国旅游的三大亮点。也就是说，21 世纪传统的静态休憩模式受到冲击，现代化参与性外出休闲模式将备受现代都市人的认同

和青睐,旅游活动形式从而向多元化、特色化和参与化逐步演变发展。

观光休闲农业园区规划建设中自然景观与人文景观的融合体现了人与自然的和谐与对话,充分尊重和利用土地的自然环境,强化整个环境的融合与渗透,强调与城市生活的"对话",有效发挥空间环境构成的再创造价值及人文价值。原有农田景观与农业旅游观光园建设有机结合,不仅可以提高基地自身的经济效益,还可以对推动城市绿色产业结构调整,为人们提供高品位健身休闲场所,对富裕农民提高收入具有重要意义;是集经济效益、生态效益、社会效益为一体的新型绿色产业发展模式。

第三章　观光农业园的规划理论

第一节　相关概念

在了解观光农业园的规划理论之前，我们需要了解几个相关概念。

一、农业观光

农业观光属于产业观光的一部分，是一种将农业与旅游业相结合的消遣性生态旅游活动，利用有利的自然条件通过规划设计建成各种活动场所，如风景游览、水面垂钓、鲜果采摘、狩猎捕捞、农村风俗体验等活动来吸引游客，带动城郊或乡村旅游业的发展。农业观光项目在我国是一项新兴产业，是与旅游业相结合的一种消遣性农事活动。虽然农业观光在国外发展已久，但是在我国却刚刚初具规模。农业观光的出现，不仅给乡镇农村带来了可观的社会效益、经济效益和环境效益，而且更加促进了区域旅游业的多元发展。

二、农业观光旅游

农业观光旅游是以乡村生态环境为背景、以生态农业和乡村文化为资源基础，通过运用生态学、美学、经济学原理和可持续发展理论对农业资源的开发和布局进行规划、设计、施工、将农业开发成为以保护自然为核心，以生态农业生产和生态旅游为主要功能，集生态农业建设、科学管理、旅游商品生产与游人观光生态农业、参与农事劳作、体验农村情趣、获取生态知识、农业知识为一体的一种新型生态旅游活动。

从近年来我国发展农业观光旅游的实践经验看，农业观光旅游区定位规划是生态农业旅游区成功与否的关键。从景区规划角度看,可把生态农业旅游区分为山区生态农业旅游区规划及城郊生态农业旅游区规划。生态旅游园区大多设在农业基础好、特色明显、交通便利的城郊接合部,甚至在市区内建成农业主题公园。

三、观光农业园

观光农业园以农业为载体,属风景园林、旅游、农业等多学科相交叉的综合体。观光农业园的规划理论也借鉴于各学科中相应的理论。我国的农业资源丰富,在进行观光农业园的规划时要有所偏重、有所取舍,做到因地制宜、区别对待。

四、农业资源

农业资源是指为农事活动或农业生产提供原料或能量的自然资源。其中包括两大类:一是作为农业经营对象的生物资源,如森林资源、作物资源、牧场和饲料资源、野生及家养动物资源、水产渔业资源和遗传资源等,它们都具有可更新的特征,通过生长和发育过程,在一般情况下可周而复始地完成生物的繁衍过程,并通过生物量的积累形式,提供生物产品满足人类社会的需要。另一类是仅为农用生物提供载体或生长的环境,本身并没有物质生产功能,如土地资源、农业气候资源等。

典型的观光农业园规划主要包括几个方面:分区规划,交通道路规划,栽培植被规划,绿化规划,商业服务规划,给、排水和供配电(及通信设施等)规划等。因观光农业园各类型差异大,对于农业旅游度假区之类还有旅游接待规划,对于依托于特殊地带或植被的还有保护区规划等内容。

观光农业园区的景观规划建设用破与立的方式而非传统的农业生产建设,以城市—农田作为一个城市整体为出发点,强调了与城市生活的对话,形成了“可览、可游、可居”的环境景观,构筑出了“城市—郊区—乡间—田野”的空间休闲系统。景观规划设计充分以原有绿化树种、农作物为植物材料进行园林景观的营造,园林小品风格自然淳朴,田园气息浓厚;各景观功能区突出以人为本,同时又要和生产相结合。根据不同地块、不同树种、品种的观赏价值进行安排,使人们在休闲体验中领略到农耕文化及乡土民风的神奇魅力。

第二节　规划理论

观光农业园规划的理论有多方面,如旅游规划理论、生态规划理论、园林艺术理论等。对于园林艺术理论前人已经做了大量研究,本书进行了简单的概括;而旅游规划理论属更为宏观的范畴,且不作展开。在此仅把与观光农业园规划最为感性、相关的生态规划理论做个粗浅的探讨。

一、观光农业园区景观规划设计理论依据

1. 景观生态学原理

景观生态学(Landscape Ecology)是研究在一个相当大的区域内,由许多不同生态系统所组成的整体(即景观)的空间结构、相互作用、协调功能及动态变化的一门生态学新分支。如今,景观生态学的研究焦点放在了在较大的空间和时间尺度上生态系统的空间格局和生态过程。景观生态学的生命力也在于它直接涉足于城市景观、农业景观等人类景观课题。观光农业园区作为农业景观发展的高级形态,伴随着人类活动的频繁,其自然植被斑块正逐渐地减少,人地矛盾突出。观光农业园区景观规划设计需按照景观生态学的原理,从功能、结构、景观三个方面确定园区规划发展目标,保护集中的农田斑块,因地制宜地增加绿色廊道的数量和质量,补偿景观的生态恢复功能。

2. 景观美学原理

在西方文史中,景观(Landscape)一词最早可追溯到成书于公元前的旧约圣经,西伯文为"noff",从词源上与"yafe"即美(beautiful)有关,它是用来描写所罗门皇城耶路撒冷壮丽景色的。因此,这一最早的景观含义实际上是城市景象,人们最早注意到的景观是城市本身。但随着景观含义的不断延伸和发展,"景观的视野随后从城市扩展到乡村,使乡村也成为景观"。

人类向往自然,农业拥有最多的自然资源,所以农业是提供人们体验生活最适当的来源。观光农业园区其本质上是一种人们对生活的美的享受和体验,是实施自然教育最理想的场地。在园区内的观花观果,感叹大地对于万物的抚育,向往着生态的、和谐的大自然环境,从而融入着人们的多层次的美学体验。

3. 景观安全格局原理

景观中存在着一些关键性的局部、点及位置关系,构成某种潜在空间格局。这种格局被称为景观生态安全格局,它们对维护和控制某种生态过程有着关键性的作用。农业景观安全格局,由农田保护地的面积、保护地的数目以及与保护地之间的关系等构成,并与人口和社会安全水平相对应,使农业生产过程得以维持在相应的安全水平上。在景观形成过程中,格局决定功能,要实现土地持续利用这一景观功能的稳定性,要求相应景观空间格局的维持与优化。景观稳定性越高,景观受外界干扰的抵抗能力越强,受干扰后的恢复能力也越强,越有利于维持景观格局,保障景观功能的稳定发挥。观光农业园区规划建设中观光旅游者的介入、园林绿化树种及名特优新品

种等异质性的引入,有助于景观稳定性的维持。景观稳定性以景观格局的空间异质性来维系景观功能的稳定性,在一定程度上反映了土地持续利用的保护性与安全性目标,可采用反映景观异质性的景观多样性、景观破碎度、景观聚集度和景观分维数等指标来衡量。

二、植物群落学理论

生态规划的理论是建立在植物群落学、景观生态学、环境规划学等的基础之上。

1. 植物群落学理论

植被是观光农业存在的条件,因此,植物群落学理论应该是规划人员必须掌握的基本知识。就观光农业园规划而言,对植被的分布、组成结构以及演替理论应有相当的了解。

(1)植被分布　不同的地理位置和海拔有不同的植被类型。对观光农业园而言,不同的植被类型就意味着不同的地域、不同的劳作和不同的特色。观光农业园需要以具有地域性的植被林作背景。

(2)群落组成　一定的植物群落有一定的植物组成,而不同的植物组成,特别是优势种的组成决定了群落外貌,也就决定了园区植物的观赏特征。观光农业园的群落包括主要植被的群落和种植物群落两大部分。

(3)结构　自然群落适应一定的气候条件形成不同的垂直结构,如乔木层、灌木层、草本层等,有的复杂、有的简单。而人工群落(特别是按一定功能抚育的农作物群落)要简单得多。在观光农业园区内,植被往往会担负起生产、娱乐、观赏、生态等诸多功能,因此,不同结构层次的植物群落可能会共同存在,这需要对群落结构有所研究,以利于恰当应用。

2. 生态演替理论

生态学强调生物与环境的相互关系,而克里门茨(F · E · Clements)则提出了演替顶极(Climax)理论,突出了整体、综合、协调、稳定、保护的大生态观点。生态演替理论中对观光农业园区的建设,有指导作用的为:

(1)演替系列理论　即朝着顶级发展的各系列群落其组成、结构、稳定性、生产力等均不同。越向顶级,组成与结构越复杂,稳定性越高,但净生产力越低。观光农业园区内的主要植被要求稳定性高,即顶级。但部分林区,如:果林、经济林和生产性林木,其抚育要求与背景植被完全不同,需要演替理论指导。

(2)顶级理论　观光农业园区内的主要植被,是一种永续利用的资源,如何“永续”,就要利用顶级理论创造与当地气候环境相适应的顶级植物群落。我国的观光农业园区,能利用现有处于顶级前的植物群落,使其自然演替是一个方面;但很多农业观光园区需要重新造林，就要求人们有意识地促进其向顶级发展。

3. 景观生态学理论

根据 R. T. T. Forman 和 M. Godron 著的《景观生态学》中提出的景观生态学原理，其中的景观结构和功能原理与生物多样性原理，对于观光农业园的规划有着借鉴作用。

(1)景观结构和功能原理　每一个景观均是异质性的，在不同的斑块、走廊和本底之间，种、能量和物质的分配不同，相互作用(即功能)也不同。

(2)生物多样性原理　一个稳定的生态系统与物种的多样性密切相关，而参与了人为活动的观光农业园区生态系统(或乡村生态系统)则往往比较脆弱。应用生物多样性理论指导规划有利于增强系统的稳定性。

4. 环境规划理论

当代环境规划牵涉的内容相当广，但归纳起来不外两个方面，一是主要与人的环境，即城市环境有关，属于环境科学研究内容；二是主要与自然有关，属于风景园林学科范畴，有时称为景观规划。显然观光农业园区规划需要的环境规划理论就是景观规划理论。按照定义，景观规划就是一种合理使用和管理土地的活动，这种活动能保证人、植物、动物及其生存所依赖的资源都有适宜的生境或存在的位置，就是能协调人的利用与自然存在的关系。因此，规划人员至少应具备生态的伦理观和生态化知识，其中生态伦理观就是要承认非人类的自然界有存在的权力，限制人类对自然的伤害行为，并担负起维持自然环境自我更新力的责任。而生态规划则指采用系统分析技术进行适宜度分析。

第三节　规划原则

一、观光农业园的规划原则

1. 生态原则

旅游势必会带来大量的污染，园区自身的生产生活需要注意生态方面的要求，重视环境的治理，更不要对自身和周边产生不良的影响。景观规划的生态原则是创造园区恬静、适宜、自然的生产生活环境的基本原则，是提高园区景观环境质量的基本依据。

2. 经济性原则

开展旅游观光和进行园林改造无非是为了带来更大的经济效益，规划设计当中要把经济生产融合到园区建设中来。尤其对于各类采摘园来说,采摘的经济效益很高,规划设计要能够使采摘进行得更好,同时注重在非采摘季节吸引游人,更好地提高经济效益。

3. 参与性原则

亲身直接参与体验、自娱自乐已成为当前的旅游时尚。观光农业园区的空间广阔,内容丰富,极富有参与性特点。城市游客只有广泛参与到园区生产、生活的方方面面,才能更多层面地体验到农产品采摘及农村生活的情趣,才能使游客享受到原汁原味的乡村文化氛围。

4. 突出特色原则

特色是旅游发展的生命之所在,愈有特色其竞争力和发展潜力就会愈强,因而规划设计要与园区的实际相结合,明确资源特色,选准突破口,使整个园区的特色更加鲜明,使景观规划更直接地为旅游服务,为园区服务。

5. 文化原则

通常我们谈及农业,首先想到的是其生产功能,很少想到其中的文化内涵,以及由此而来的一些诗词歌赋。所有这些使人很容易忽视农业也是一种文化的体现,所以在园区的景观设计中应深入挖掘出其内在的文化资源,并加以开发利用,提升园区的文化品位,以实现景观资源的可持续发展。

6. 多样性原则

不论是观光旅游或是专题旅游,不论是团队旅游或是散客旅游,都要为旅游者提供多种自由选择的机会。园区景观规划的多样性原则不仅要求在旅游产品开发、旅游线路、游览方式、时间选取、消费水平的确定上,必须有多种方案以供选择;更要求园区品种选择、景观资源配置突出丰富性、多样性的特点。

二、观光农业园的规划编制中应遵循的原则

(1)总体规划与资源(包括人文资源与自然资源)利用相结合,因地制宜,充分发挥当地的区域优势,尽量展示当地独特的农业景观。

(2)当前效益与长远效益相结合,以可持续发展理论和生态经济学原理来经营,提高经济效益。

(3)创造观赏价值与追求经济效益相结合。在提倡经济效益的同时,注意园区环境的建设,应以体现田园景观的自然、朴素为主。

(4)综合开发与特色项目相结合。在农业旅游资源开发的同时,突出特色又注重整体的协调。

(5)生态优先,以植物造景为主。根据生态学原理,充分利用绿色植物对环境的调节功能,模拟园区所在区域的自然植被的群落结构,打破狭义农业植物群落的单一性,运用多种植物造景,体现生物多样性,结合美学中艺术构图原则,来创造一个体现人与自然双重美的环境。

(6)尊重自然,体现"以人为本"。在充分考虑园区适宜开发度、自然承载能力的情况下,把人的行为心理、环境心理的需要落实于规划设计之中,寻求人与自然的和谐共处。

(7)展示乡土气息与营造时代气息相结合,历史传统与时代创新相结合,满足游人的多层次需求。注重对传统民间风俗活动与有时代特色的项目,特别是与农业活动及地方特色相关的旅游服务活动项目的开发和乡村环境的展示。

(8)强调对游客"参与性"活动项目的开发建设。游人在观光农业园区中是"看"与"被看"的主体,观光农业园的最大特色是,通过游人作为劳动(活动)的主体来体验和感受劳动的艰辛与快乐,并成为园区一景。

三、影响观光农业园规划的有关要素

影响观光农业园规划的因素,主要指供给方与需求方因素。

对供给方而言,是指拟作观光农业园区的基地条件、开发者的开发意向、投资能力、规划设计者的业务水平和后期管理状况等。而对于需求方即游人而言,则指游人的心理、年龄结构、个人可支配收入、生活结构、喜好及经济能力等方面。对基地条件的分析,主要包括目标定位、性质和旅游供应条件。

1. 目标定位是指确定观光农业园的类型

观光农业园各类型之间差异很大,规划前期,要首先确定基地是用于农业科技园的建设,还是用于观光农业的建设;是规划一个完整的观光农业园,还是把农业观光作为园区的一部分内容。比如,顺德的生态乐园就把观光农业作为其中的一个园区——生态农业区。

2. 性质分析是指对主要服务对象的分析

这将影响到规划的方向与建设的标准。比如,北京的少儿农庄、富阳白鹤村的"三味"农庄,主要面向小学生团体;而泰安的家庭旅游、大连的凌水农庄,则以接待家庭旅游为主。

3. 旅游供应条件

旅游供应条件是指园区内观光农业资源的状况、特性及其空间分布,最大允许环境量,水电供应能力及其他公用设施,商业饮食服务设施的种类,营业面,对外交通的吞吐能力,旅游通信设备水平等方面。因为观光农业园季节性比较强,户外活动较多,对于环境容量必须做出应有的分析规划;而对外交通能力则决定了游人的可达性,应引起一定的重视。比如,萧山的山里人家,规划了马车之旅、公交车之旅等形式,但其吞吐能力仍待改进。此外,园区所属地居民的经济、文化背景及其对旅游活动的容纳能力、游客的旅游活动及当地居民的生产、生活活动与观光农业园区环境相合情况也应做出考虑。

第四章　观光农业园规划内容

第一节　观光农业园总体定位

对观光农业园项目的区域地位、发展模式、发展目标进行合理定位是其规划设计进行的首要步骤。通过调查、分析和综合，对园区自身的特点做出正确的评估后，对观光农业园项目进行总体定位，主要考虑以下几个方面。

一、确定区域地位

从社会、经济、文化、生态等方面对观光农业园在区域发展中的战略地位做出准确判断，从而可以正确认识项目的性质，为后续的规划设计工作做出指导。因此，对区域地位的主要研究内容包括：项目对于当地农业产业结构调整的意义、项目对于当地农业生态环境改善将起到的作用、项目对于当地城乡社会协调发展将起到的作用、项目对于当地乡土文化的保护和发展的意义、项目在当地旅游业发展中的战略作用等。

观光农业园景观规划应以市场需求为导向，突出农业景观特色，以可持续发展园区为建设目标。

将观光农业园景观和其所属大区域范围内的景观联系起来，成为城市旅游体系景观的重要节点；继承传统农业文化和发扬现代农业文化，提倡与农业有关的休闲娱乐活动，发展生态旅游；进行科学研究和科技示范，推广先进的农业技术；加强公众教育，普及农业科技知识；建立生态循环体系，探索观光农业园可持续发展的营造模式；创造出具有复合功能的、可持续发展的农业景观系统。

二、资源分析

全面地了解和分析基础资源条件是进行观光农业园项目规划设计的必需步骤。对当地的农业资源条件、风景资源条件、民俗文化环境等进行分析,从整体、综合的角度进行评估,找出优势和特色,以便在规划设计中利用和发展优势资源;同时找出问题和劣势,以便在规划设计中解决和弥补。

三、发展模式

观光农业园发展模式为后面规划设计的深入进行提供了框架与参照,对于整个规划设计过程至关重要,因而必须严格依据项目所在地的综合现状条件来确立。在规划实践中,根据园区所在地的实际条件和发展需求,选择适当的发展模式,也可将几种发展模式结合起来,开发出更加全面的功能。发展模式也可根据当地实际情况的变化做出调整,甚至可以立足于本地区特殊情况,创造性地建立新的观光农业发展模式。

四、确立发展目标

根据确立的项目发展模式,结合本地区的物质条件、经济条件、地理条件,对项目发展前景做出预期和设想,制定切实可行的发展目标,来实现规划设计的效果,并保证项目建设朝着既定的定位方向。

第二节　观光农业园的功能分区

观光农业园的分区规划主要指功能分区这一形式。功能分区是突出主体,协调各分区的手段。观光农业园的功能分区是根据结构组织的需要,将园区用地按不同性质和功能进行空间区划。它对于合理组织园区建设和设置游憩活动内容具有重要意义,它进一步明确了资源用地发展方向。

园区功能布局要与产业布局结合,并确定农业产业在园区中的基础地位。规划在围绕农作物良种繁育、生物高新技术、蔬菜与花卉、畜禽水产养殖、农产品加工等产业的同时,提高观光旅游、休闲度假等第三产业在园区景观规划中的决定作用。园区产业布局必须符合农业生产和旅游服务的要求。

一、功能的设置

目前所见的各类观光农业园设计创意与表现形式不尽相同,而功能分区大体类似，基本可以分为三大类。

1. 提供田园风光

利用农业环境空间，向游人提供游憩的场所。按其尺度分为三种，大尺度——田园风景观光，中尺度——农业公园、观光农业园、乡村休闲度假地等，小尺度——市民农业园、乡村休闲度假地等。

2. 提供农事体验交流、学习的场所

通过具有参与性的乡村生活形式及特有的文化、娱乐活动，实现城乡居民的交流，增加城市居民对农业的了解。具体表现为乡村传统庆典和文娱活动、农业实习体验、乡村会员制俱乐部、庙会等。

3. 提供农产品生产、交易的场所

向游客提供当地农副产品直销、手工艺品。主要形式有乡村集市产品销售、采摘瓜果和乡村餐饮服务、乡村食宿服务等。

观光农业园的功能设置应根据社会需求，结合园区具体条件，不断创新、挖掘和开发新的功能，提高项目的竞争力、影响力。同时注意对原有项目加强建设，提高品牌知名度，形成园区的特色。

二、功能分区的原则

(1)分区要突出农业园的特色。

(2)同一分区内空间的功能和使用性质应基本一致。

(3)同一分区内的规划原则、措施及其成效特点应基本一致。

(4)功能分区应尽量保持乡村风貌、农业生产环境、典型地物、行政界线的完整性。

三、功能分区的要点

(1)观光农业园的功能分区不宜过于琐碎。应通过筛选和归纳，将相关功能予以联系，使之各功能区之间相互配合、协调发展，构成一个有机整体。并在空间布局上有所体现。

(2)功能区面积的划分须掌握一定的比例，应用等级原理反映主从关系，突出特色，不宜过分均等。

(3)要注意动态游览与静态观赏相结合，保护农业环境，注意利用现有风景资源安排适当功能，将功能分区与景观风貌协调统一起来。

(4)遵循以人为本的原则，依照游憩者和生产者的双重需要，方便合理地布置功能,通过功能分区实现更高的生产效率和更舒适便捷的游赏体验。

四、典型功能分区

功能的设置根据农业观光活动的需要,典型观光农业园可以分为六大功能区,即农业生产区、产品销售区、科技示范区、农业观赏区、游憩体验区和服务休闲区(表4-1)。观光农业园的功能分区没有一个绝对的模式,需要根据园区的发展模式、发展目标和现状条件因地制宜地进行划分,以实现资源的优化配置。

表 4-1 典型功能分区和布局方案

分区	规划面积(hm^2)	用地要求	构成系统	功能导向
农业生产区	40～50	土壤、气候条件较好,有灌溉、排水设施	农作物生产; 果树、蔬菜、花卉园艺生产; 畜牧区; 森林经营区; 渔业生产区	让游人认识农业生产的全过程,参与农事活动,体验农业生产的乐趣
科技示范区	15～25	土壤、气候条件较好,有灌溉、排水设施	农业科技示范; 生态农业示范; 科普示范	以浓缩的典型农业或高科技模式,传授系统的农业知识,增长教益,让游客体验劳动过程并以亲切的交易方式回报乡村经济
产品销售区	1～5	临园区外主干道	乡村集市; 采摘、直销; 民间工艺作坊	
农业观赏区	30～40	地形多变	观赏型农田、瓜果园; 珍稀动物饲养; 花卉苗圃	身临其境,感受田园风光和自然生机
游憩体验区	20～30	拥有较平缓开阔的场地,交通便捷	民俗娱乐活动; 农事体验; 垂钓、骑马等	体验乡村生活,为个人和团体提供娱乐活动,增加园区收入
服务休闲区	10～15	地形多变	农村居所; 乡村活动场所	营造游人深入其中的乡村生活空间,参与体验,实现交流

第三节 道路交通规划

观光农业园位于城市郊区,往往与周围环境风貌接近,出入口不甚明显。因此,合理解决观光农业园外部及内部交通问题相当重要,尤其是外部引导线以及出入口的设计是提高观光农业园可进入性的重要手段，必须引起重视。

一、外部引导线规划设计

外部引导线指由其他地区向园区主要入口处集中的外部交通，通常包括公路、桥梁的建造、汽车站点的设置等。通往观光农业园的路线，是一条隐含着信息的线。它起着引导作用，预先提醒、愉悦和振奋游客，并预示出观光农业园的性质、规模，以吸收游客。

引导路线设计要有收有放，形成变幻多样的立体空间。在视觉安全和风景优美之处开敞，在需要屏蔽之处围合；不断变化空间格局用以吸引游人且使游人放松。引导路线及道路景观的形状、色彩、质感是形象的物质要素，包含了天然的和人工的，静态的和动态的要素。起伏的地形，弯曲的道路，浓郁的绿草，高低错落的小树和野花，构成了前后起伏的空间层次，激发游客的游兴。

大部分观光农业园吸引游人方式是利用行进路线上的标志牌。引导路线应控制和诱导游人的行进，不宜直截了当，应结合田园风光，利用道路空间本身的特质，形成探寻式的模式。必要时可以利用标牌的导向作用，目的是为了使观光农业园便于识别，它不单是简单的文字指引，还应该结合观光农业园主题设置，成为其象征，具有较高的艺术形象。

观光农业园外部引导路线的长度要加以控制，根据游人乘坐机动车行进的心理感受，以及徒步行进的心理体验，观光农业园的标志物宜在距离它几千米之外就出现，常常在公路上设置。如果条件所限，至少在 3～7 km 之间要设置观光农业园的标识，每隔 300 m 至 500 m 应该有大的形态上的节奏变化，形成重复或渐变的韵律美。而距离观光园 500 m 之内，是进入园内之前最关键而微妙的一段路程，可以采用突变式的美学构成法则，给游人留下深刻且向往的印象。

二、出入口规划设计

观光农业园的出入口十分重要，是游客到观光农业园来的第一个高潮，常常是吸引游人前往参观游览的重要因素之一。出入口可以分为主要入口、次要入口、专用入口三种。

观光农业园出入口，在功能上具有交通枢纽和“门户”作用。在主入口范围内应布置缓冲人流的场地，作好游人休息的场所，特别是留有足够的停车空间，设计提示或暗示观光主题的文化型景观。对于规模较大的观光农业园，还可设置区域性入口，以建立领域感。

观光农业园主要入口的选位要得当，与城市主要干道、游人主要来源方位以及观光农业园用地的自然条件等诸因素协调后确定;为了突出主入口的景观效果,还应选择易于被发现、风光秀丽、背风向阳的位置。

观光农业园入口大门的设计不应效仿城市公园,而应体现地域文化特征。贵在得体,朴实、典雅、大方、有文化特色。在距离主入口 500 m 的区域内,可不设园墙或只设通透性的围栏,这是一种有效的暗示性景观。好的入口设计还能成为整个园区的重要标志。

观光农业园为方便附近居民或为次要干道的人流服务还应设置辅助性的次要入口,为园区周围农民提供方便,也为主要入口分担人流量。次要出入口设在园内有大量人流集散的设施附近。专用出入口是根据园区管理工作的需要而设置的,为方便管理和生产及在不妨碍园景的前提下,应选择在园区管理区附近或较偏僻不易为人所发现处。

三、内部道路规划设计

观光农业园的内部园路是其骨架和脉络,是联系各景点的纽带,也是构成园景的重要因素。观光农业园的园路设置与城市公园大体相同,一般园区的内部交通道路可根据其宽度及其在园区中的导游作用分为:入内交通、主要道路、次要道路及游憩道路。

1. 入内交通

指园区主要入口处向园区的接待中心集中的交通。如萧山的山里人家就把入内交通设为马车之旅。

2. 主要道路

主要道路以连接园区中主要区域及景点,在平面上构成园路系统的骨架。在园路规划时应尽量避免让游客走回头路,路面宽度一般为 4～7 m,道路纵坡一般要小于 8%。

3. 次要道路

次要道路要伸进各景区,路面宽度为 2～4 m,地形起伏可较主要道路大些,坡度大时可作平台、踏步等处理形式。

4. 游憩道路

游憩道路为各景区内的游玩、散步小路。布置比较自由,形式较为多样,对于丰富园区内的景观起着很大作用。

观光农业园园路的特色在于路线的形状、色彩、质感都应与周围乡村景观相协调,突出农村质朴的特色。游憩小路是园区的线性景观构成要素,在形状上应以自然曲线为主，依地势高低起伏或以田垄为基础，勾勒出农田的脉络，反映农业文化。游憩小路可根据情况不作铺装，展现农村朴素的乡野气息，同时有利于雨水的自然渗漏，保护生态环境。

四、内部交通组织

内部交通主要包括车行道、步行道等。观光农业园一般面积较大，各活动区域之间的距离长，应适当采用交通工具，提供各游览区间快捷的联系方式。交通工具还可以起到增加游园趣味、渲染游乐气氛的作用，无形中把交通时间转化为旅游时间。

地面交通：可采用马车、驴车、牛车、电瓶车等。马车、驴车、牛车是有农村特色的游览交通工具，对游客有较强吸引力，应大力提倡采用。电瓶车的特点是安静、低速、尺度小、无污染、趣味性强，也是适合观光农业园采用的交通工具。

水上交通：主要由各式木筏、皮筏、竹排、游船等构成，并设置相应的游船码头。由于人们对水有天生的趋向性，水上旅行是颇受欢迎的一种游览方式。坐在船上，可以欣赏田园风光、观荷采莲、参与垂钓、捕捞等水上活动，更增加了游览的乐趣。

第四节　景观结构规划

观光农业园的景观规划须体现出乡村风景资源的特色，利用当地乡土的自然景观、农业景观和人文历史，为人们创造出高效、安全、健康、舒适、优美的环境。

一、景观结构规划

对观光农业园的景观结构进行规划，有利于建设结构合理、特色浓郁、环境优美、自然景观和人文景观交融的园区环境，具体包括景区划分、轴线设置、边界处理等对园区内景观资源的空间组织方式。

观光农业园的景区划分，是指通过对园区内景观资源的归纳分析，根据游赏需要，有机地整合为一定范围的各种景观地段，形成具有不同景观特色和境界的景区。景区划分可根据空间特点、季相特点或其他景观特色进行划分。其划分需遵循以下原则：

(1)应与功能使用要求相配合，增强功能要求的效果，但不一定与功能分区范围一致，可根据实际情况灵活布置，达到既特色鲜明又使用方便的效果。

(2)注意主从协调，详略得当，避免贪大求全导致的结构混乱。

(3)注意体现本地区农业环境的风貌。

观光农业园的景观组织也可以利用轴线的手法，使游线清晰，给人以稳定安全的环境感受。但不宜采用城市设计中的轴线设置方式,造成景观风貌失去乡村情调。宜采取自然景观轴线的方式,充分利用自然山水条件,以自然风景和乡村风光为主体,以提炼过的农业景观设计为核心,布置景区、场地、设施,融入生态美学情怀,建设成为景观丰富优美的多功能景观走廊,并与外部生态环境紧密联系,成为良好的生态环境走廊。在局部也可以利用农田设施或村落街道形成规则式的景观轴线,在体现地域文化的同时,增强景区、景点间联系的便捷性。

二、竖向规划

在观光农业园的景观设计当中会接触到各种各样的地形地貌,分析、研究地形的景观美学特征及空间意境,以其为依据因地制宜地对园区进行竖向规划是创造丰富的园区景观的前提。

观光农业园的竖向处理应遵循以下原则:尽量适应地形,减少景观干扰,减少工程花费,防止水土流失,避免土壤侵蚀控制和再绿化的需要,充分利用现有的排水道,融合自然风景。

对地形过于单调的园区可进行合理改造,根据园区栽培作物的具体分区来处理地形变化。通过利用并改造地形,为作物的生长发育创造良好的条件。而地形变化本身也能形成灵活多变的空间,创造出景区的园中园,比用构筑物创造的空间更具有生气,更有自然野趣。园区基地若具备良好的地形条件,则应充分利用地形创造适宜农业体验活动的空间。园区竖向处理还要考虑排水要求,合理安排分水和汇水线,保证地形具有良好的自然排水条件。

三、水系规划

观光农业园的水体除了造景功能外还具有生产和生活功能,需要通过系统的规划使各项功能之间互不影响,并形成可以循环利用的可持续发展模式。

园区内的水体往往与园外的自然水系或农业灌溉水系相连,因而在利用的同时应注意保护水质,并应注意节约用水,不影响农业生产的用水需要。

人们到观光农业园游览,总有沿湖散步、在水边休息、垂钓或泛舟河中采莲观荷的愿望,观光农业园水体设计应安排一些运动路线,以满足这些愿望,同时达到对水体的最大限度的利用。这包括沿河小路、桥、堤、岛等的设置,它们不仅可以提供给人们穿越的体验,同时也是划分观光农业园空间、增加层次的重要景观,设计上应简洁,反映当地的自然文化特性。观光农业园水体的岸边可适当设置小型广场、眺望台台阶、栈道,创造亲水空间,从而让人们可轻松地从事赏景、垂钓、民俗观演等休闲娱乐活动。中国古老农业文明中灌溉占有相当大的部分,古老的灌溉机具可观、可用、可玩的特点，还有一定的教育意义。观光农业园水体中可布置一些反映农业文化特色的景观小品，如灌溉用的水车、打水用的水井、捕鱼的渔船、木筏等，增加水体景观的文化趣味。

第五节　生产栽培规划

对栽培植物的审美在我国已有悠久的文化心理积淀，无论观叶、观花或观果，主要是欣赏它们的季相美。农业生产与季节息息相关，观光农业园又以植物为主要构景元素，因而通过种植规划体现出农业景观的生态美，并使观光农业园能够以丰富多变的季相美吸引更多的游人，对于园区建设非常重要。园区内的植物可分为栽培植物和绿化植物两类，但由于观光农业园属于生产性园林，因此，栽培植物尤其重要。

一、露地栽培规划

露地农田的栽培不仅要注意提高农业产量和质量，给人们带来采摘的快乐、丰收的喜悦，还必须注意其景观点、线、面要素构成，色彩与质感的处理，注意层次深远、尺度宜人等美学原理的应用，提高其艺术性和观赏性。

农田种植的作物及绿化植物应使季相、构图保持乡土特色。适当增加植物种类以丰富景观，调整落叶、常绿植物的比例，增补针叶树、阔叶树及其他观赏植物。田缘线和田冠线是农田景观中的线要素，要使农田景观得以产生丰富的空间层次，田缘线和田冠线是种植区景观处理的重点。田缘线指农路、农田的边缘绿化，它是农田与道路过渡的交界线，田冠线指植被顶面轮廓线。田缘线应以自然式曲线为主，避免僵硬的几何或直线条；应合理选择栽培作物，使田冠线高低起伏错落，形成良好的景观外貌。

1. 在观光农业园的生产栽培规划中可根据植被的生态特色进行分区，也可根据植被的功能进行分区。按植被的生态特色可分为草本区、木本区、草木本间作区三类。

(1)草本区：包括大田作物型(旱地作物与水田作物)和蔬菜作物型植被的区域。

(2)木本区：包括经济林型、果园型和其他人工林型植被的区域。

(3)草木本间区：包括农、林间作与农、果间作型植被的区域。

2. 根据不同植被的功能又可分为生态保护区、观赏(采摘)区、生产区等区域。

(1)生态保护区：包括珍稀物种生境及其保护区、水土保持和水源涵养区。

(2)观赏(采摘)区：一般位于主游线、主景点附近，处于游览视域范围内的植物群落，要求植物形态、色彩或质感有特殊视觉效果，其抚育要求主要以满足观赏或采摘为目的。如果范围内有生态敏感区域,还应加强生态成分,避免游人采摘活动,这时则作为观赏生态林。

(3)生产区:为观光农业园的内核部分,是以生产为主,限制或禁止游人入内。一般在规划中,生产区处在游览视觉阴影区、地形缓、没有潜在生态问题的区域。多数观光农业园是在原有农场的基础上发展起来的,而原有的植被栽培是以生产为主要目的,不适宜旅游观赏的需要。因此,必须做一些调整。主要包括:

①种植结构上的调整,强化果树、蔬菜、花卉等观赏性强的产业以及奇珍异果等特色食品产业,建立具有较高生态稳定性和景观多样性的景观。

②提高各类农业用地资源的利用率,发展精细化农业。

③综合利用生物资源,发展生态农业。

④合理规划水资源循环系统,发展种植、养殖、沼气、加工业相结合的立体农业。

⑤重视资源的加工转换与增值,发展第二产业加工农业。

⑥综合开发利用资源,达到高产、优质、高效,呈现健全的自然面貌和相对稳定协调平衡的生态环境,它是构成农业景观的基础。

二、设施栽培规划

观光农业园设施栽培运用现代农业科学技术进行栽培管理。现代的农业科技可使温室环境一年四季如春,周年常绿,向人们展现高科技的魅力。温室内的作物栽培必须考虑将现代农业与艺术有机结合,可对栽培棚架做适当艺术造型处理,更宜借鉴技术美学的审美理论,从赞美现代科技的角度重新审视农业设施。同时还应考虑何种棚架栽培何种作物,因地制宜,达到瓜果满棚,融观赏性、趣味性、科教性于一体的效果。要合理分析棚架的高低层次,使温室内的栽培产生空间上的层次变化,同时注意选择作物的色彩的搭配,丰富温室空间的艺术层次。

在植物品种的安排上,可选择时鲜蔬菜、食用菌、名优花卉、根菜、叶菜、果菜等进行栽培。对于品种,应采用名、优、新、特品种,鲜食性强,抗病虫,早中晚熟品种搭配,因地制宜,适地适树。

在季节的安排上要充分考虑每个品种的生物学特性。要使温室四季常绿,周年瓜果满棚、鲜花盛开,突出栽培品种新、奇、特的特点。

第六节 园林种植规划

绿化规划在尊重区域规划、生态规划、栽培植被规划等的前提下进行。一般来说,观光农业园区的绿化规划参照风景园林绿化规划的理论进行,原则是点、线、面相结合，乔、灌、草搭配，要求尽量模拟自然，减少“人工味”。对于那些在原有天然植被基础上做的观光农业园而言，更应尊重自然、突出特色。

观光农业园用地一般都选择在开阔的场地，如农田、麦场等景观特质良好的农业用地上，垂直尺度景观变化与水平景观伸展具有空间意象上的连绵特征，在植物的种植上应尽量保持这种田园风貌。植物的搭配，要与村落、服务设施、园林建筑等充分配合，与地形的变化相呼应，与周边乡村风景背景相融合，展现田园风光的独特魅力。对于观光农业园中大面积的开阔景观，如大片麦田、缀花草坪等，如过于平淡，缺乏空间层次和变化，可采用园林设计手法中的障景、漏景、隔景等手法，通过植物材料的运用，使空间感更加突出，提升景观吸引力。设计中可对局部原有地形进行适当改造，以适应观赏植物的生长要求，同时还要考虑对现状生长不良的植物进行适当改造与优化，做到精益求精。观光农业园中的园林植物运用具体可以分为以下几种情况：

1. 风景林

风景林是以美学观赏为主要功能的森林景观。风景林的规划要以观赏树木为主。尽量做到林相整齐、优美，色彩变幻多样，这样可引发人们的观光兴致。还要经过设计形成人们乐于游憩的空间环境。利用植物高低错落，互相组合，形成观赏效果极佳的绿海景象。

2. 各景区植物配植

以乔木为主，花灌木与地被相结合。根据各园的主题和文化氛围，布置色彩丰富、季相变化多样的树种。

3. 农田植物配植

以大片的农业作物组成绚烂多姿的田园风光，成片的观赏花卉和观赏药材、可观花观果的小乔木沿路或集中栽种，高大的乔木适当点缀，形成田园景观。

4. 路旁林带

道路是联系各景区、景点的通道，是游人的必经之路。主要道路两侧栽植以乔木为主，适当配置少量花灌木，随路的自然曲线结合路旁的地形，不等距地自然式种植，使其高低错落、疏密有致。

支路由乔木与灌木结合的树丛自然植于路边，形成林荫路，还可形成花境，以花的姿态、色彩和芳香吸引游人。路口与道路的转角处，巧设对景、障景、透景，形成不同的空间，给游人以生动变幻的视觉感受，丰富游线景观。

5. 景点植物配植

景点周围的植被要突出景点的内涵，人文景点的周围植物配置要同人文景物相宜，自然景点周围植被好的要保护原貌。

6. 服务设施周边植物配植

接待设施旁的植物配置要与建筑谐调统一,对不同类型、形式、色彩及功能的建筑要选择与之相宜的树木及采取相应的配置方式,以衬托建筑、谐调和丰富建筑构图,赋予建筑以表现时空的季候感、强化建筑性格的认知感及烘托建筑环境的氛围感。同时在功能上给予建筑遮阴、防风、降噪等作用,创造宜人小环境。

7. 边界

观光农业园的边界往往和田园环境相交融,因而处理上有别于城市公园,既需要满足园区内部的安全、管理需要,又要和外部环境相协调。因而不宜采用生硬的工程手段来划定边界,造成农业景观基质的割裂,形成相对孤立的斑块。可运用植物材料的密植来对边界进行强化;或利用自然山体、水体等地貌变化作为园区边界;或采取类似英国自然风景园中“隐垣”的手法,通过较少破坏自然风景延续性的工程手法来创造观之若无而功能具备的边界。

第七节　服务设施规划

观光农业园的服务设施包括餐厅、宾馆、茶室、农产品市场等,为游客的住宿、餐饮、购物、娱乐等休闲活动提供舒适的场所。应依据观光农业园区的性质、功能、农业景观资源、游人的规模与结构以及用地、水体、生态环境等条件,配备相应种类、规模、形式的服务设施。服务设施规划应考虑:

第一,服务设施规划应从客源分析,预测游人发展规模的计算入手,协调考虑服务设施与相关基础工程、外部环境的关系,实事求是地进行,避免过度建设造成浪费。

第二,服务设施布局应采用相对集中与适当分散相结合的原则。应方便游人,利于发挥设施效益,便于管理和减少干扰。

第三,在选址时应注意用地规模的控制;既接近游览对象又应有可靠的隔离;应具备相应的基础工程条件;靠近交通便捷的区域,避开农业生产区域,避免造成相互干扰。

第四,服务设施尽量与农业环境相融合,不对景观造成生硬的割裂,减少对生态环境造成干扰。

第八节　旅游规划

旅游是观光农业园服务于城市居民的方式,其收入是园区及所在乡村的重要经济来源,进行全面的旅游规划是提高观光农业园效益的前提条件。

一、旅游产品的特点

观光农业园本身作为一种旅游产品，具有以下特点，我们需根据其特点制定适当的旅游发展策略。

1. 消费时间的集中性

这是由城市居民共同的休闲时间所决定的。乡村旅游消费一般集中于周末。一方面，这一时段可以聚集亲朋好友，另一方面，这一时段允许人们进行短途旅游。虽然旅游地的季节性会影响人们对出游地点的选择，也会造成一定的旅游消费时间的集中，但无论什么季节，周末时光确是农业观光最为集中的时段。

2. 消费水平的大众性

这一特点表现出供需双方对该类产品的共同要求。城市居民(需方)去农村体验“土”的生活方式，其消费心理限度原本就不高，同时，中低档价位客观上保护了这种消费的持续性和经常性；观光农业园的经营者和拥有者(供方)由于自身资本的有限和对第一产业的保护，以及农业观光消费选择的易变性等原因，投入量不大。低成本也就形成低的消费水平。

二、旅游客源市场

随着社会经济生活的发展，观光农业园的客源市场逐渐趋于特定范围，主要有如下几种。

1. 学生旅游市场

现在的青少年对农村的环境氛围和传统的农业生产方式都了解较少，一般只限于书本或电视上所介绍的一些情况。观光农业旅游有助于他们增长见识、开阔视野，可以让他们学习到很多农业知识，这也是观光农业教育功能的一个体现。而且学生的经济条件和出行范围有限，位于城市郊区，价位多为中低的观光农业园恰好适合这部分人群的需要。

2. 职员旅游市场

公司或其他机构的职员有一定的收入，但生活忙碌、工作紧张、假期少，周末到郊游进行观光农业旅游对他们来说还是很有吸引力的。观光农业旅游景点分布在城市郊区，距离较近，职员们周末出游，当天就可以返回，或停留一天次日返回，不影响工作。观光农业以乡村优美的自然环境为背景，宁静的农村生活、淳朴的风土人情和传统的农事活动等，与城市里面忙碌、紧张、单调的工作状态形成了强烈的反差，构成了对职员们的重要吸引力。再加上一些参与性强的游乐项目,可以使他们放松身心,体会到不一样的田园风情。

3. 自驾车旅游市场

自驾车旅游早已是流行于欧美等发达国家的一种旅游方式,随着我国的经济发展,自驾游在我国也日渐兴盛,成为现代都市人向往的一种旅游方式。对于位于城市郊区的观光农业园,自驾车旅游市场无疑是一块重要的市场。

4. 家庭旅游市场

家庭旅游能使家庭成员之间的感情更加融洽,也有利社会秩序的稳定和社会的进步。开发家庭旅游市场,可以有效地带动“两端”市场(少儿市场和老年市场)。合家出游的游客一般在景点停留时间较长、旅游消费支出较多,对经营者来说获得的收入也高。

三、旅游组织设计

让游客在乡村经历丰富多彩的活动,获得完整的农业观光感受,需要事先对游览组织进行全方位的设计,使游客在自然、轻松的心境下不自觉地完成我们为之安排的游览活动。游览组织设计以功能区块为基础,以各式活动及项目为核心,串联成主题分明、动静结合、主从有序的旅游活动。在设计过程中,需要注意的有以下四个方面:

1. 确定游线

游线有大尺度和小尺度之分,大尺度游线表现为与外界交通的联系,小尺度游线则为内部游径。首先必须保证与外界交通联系的畅通、便捷,其次要保证足够数量的停车位和停车服务,特别是对于日益扩大的自驾车客源。确定景区内部游线时,要遵循主题原则,合理利用资源原则,保持产品多样性,并不断推陈出新。各类主题活动可以形成全年式、时点式、阶段式系列,让游客能感到活动生动、活泼、有趣,但每次游玩又意犹未尽,经常有适合不同季节、不同主题的项目推出,游客不可能一次性完全享受到其中的乐趣,从而吸引多次的回头客。

2. 安排有序

多数观光农业园淡旺季分明,一天之内也时有“井喷”现象发生,与园区和服务设施的接待能力不成比例。究其原因,与农业观光产品层次过浅、活动内容欠丰富有关,但是与观光农业园的经营、园区各种功能间协调也有很大关系。因此,在丰富产品体系、拓展产品线、增加活动内容的基础上,更应在规划中注入现代化管理,建立整个园区的统一管理组织和运行制度,重点优先加强主要景点和活动的建设。

3. 激励参与

许多游客都有参与的愿望，可是受限于不完备的设施和不足的知识，无法实现愿望。观光农业园要激励游客参与，除了准备好丰富的活动内容供游客选择外，还要准备好足够的设施，更要有专门的人员对他们进行简单培训，使他们能够很快进入角色，进入到真实的情境和实质中，真正体验其中的滋味。

4. 服务优质

游览中服务也是重要的一环，但是观光农业园的服务与游客在城市感受到的高档次服务应有所区别，应既质朴大方、又亲切周到。通过标准化管理和检查制度的推行，规定服务的多方面内容，对经营人员和服务人员进行培训，对违反服务要求的行为进行处罚，保障游客的权益，同时为当地人留有展现乡土魅力的余地。

第五章　观光农业园规划设计

第一节　观光农业园规划设计程序

一、了解设计基地情况是设计的前提工作

1. 了解基地状况，掌握自然条件、环境状况及历史沿革

(1)甲方对设计任务的要求及历史状况。

(2)农业用地与观光农业园的关系，与城市的距离、相对位置以及对观光农业园设计上的要求。农业用地图，比例尺为1∶5000～1∶10000。

(3)观光农业园周围的环境关系，环境特点，未来发展情况。如周围有无名胜古迹、风景区、人文资源等。

(4)观光农业园周围景观状况。

(5)该地段的能源情况。电源、水源以及排污、排水，周围是否有污染源，如有毒有害的厂矿企业，传染病医院及环境污染程度等情况。

(6)规划用地的水文、地质、地形、气象等方面的资料。了解地下水位，年与月降雨量。年最高最低温度的分布时间。年季风风向、最大风力、风速以及冰冻线深度等。重要或大型园林建筑规划位置尤其需要地质勘查数据。

(7)植物状况。了解和掌握地区内原有的植物种类、生态、群落组成，还有树木的年龄、观赏特点等。

(8)建园所需主要材料的来源与施工情况，如苗木、山石、建材等情况。

(9)甲方要求的园林设计标准及投资额度。

2. 图纸资料收集

除了上述要求具备农业用地图以外，还要求甲方提供以下图纸数据：

(1)地形图　根据面积大小，提供1∶2000，1∶1000，1∶500园址范围内总平面地形图。图纸应明确显示以下内容：设计范围(红线范围、坐标数字)。园址范围内的地形、标高及现状物(现有建筑物、构筑物、山体、水系、植物、道路、水井，还有水系的进、出口位置、电源等)的位置。现状物中，要求保留利用、改造和拆迁等情况要分别注明。四周环境情况：与市政交通联系的主要道路名称、宽度、标高点数字以及走向和道路、排水方向；周围机关、单位、居住区的名称、范围，以及今后发展状况。

(2)局部放大图　1∶200图纸主要提供为局部详细设计用。该图纸要满足建筑单位设计及其周围山体、水系、植被、园林小品及园路的详细布局。

(3)要保留使用的主要建筑物的平面、立面图　平面位置注明室内外标高；立面图要标明建筑物的尺寸、颜色等内容。

(4)现状树木分布位置图(1∶200，1∶500)　主要标明要保留树木的位置，并注明品种、胸径、生长状况和观赏价值等。有较高观赏价值的树木最好附以彩色照片。

(5)地下管线图(1∶500，1∶200)　一般要求与施工图比例相同。图内应包括要保留的上水、雨水、污水、化粪池、电信、电力、暖气沟、煤气、热力等管线位置及井位等。除平面图外，还要有剖面图，并需要注明管径的大小、管底或管顶标高、压力、坡度等。

3. 现场踏查

设计者都必须认真到现场进行踏查。一方面，核对、补充所收集的图纸资料。如：现状的建筑、树木等情况，水文、地质、地形等自然条件。另一方面，设计者到现场，可以根据周围环境条件，进入艺术构思阶段。发现可利用、可借景的景物和不利或影响景观的物体，在规划过程中分别加以适当处理。根据情况，如面积较大，情况较复杂，有必要的时候，踏查工作要进行多次。现场踏查的同时，拍摄一定的环境现状照片，以供进行总体设计时参考。

4. 编制总体设计任务文件

设计者将所收集到的资料，经过分析、研究，定出总体设计原则和目标，编制出进行观光农业园设计的要求和说明。主要包括以下内容：

(1)观光农业园在农业用地中的关系。

(2)观光农业园所处地段的特征及四周环境。

(3)观光农业园的面积和游人容量。

(4)观光农业园总体设计的艺术特色和风格要求。

(5)观光农业园地形设计,包括山体水系等要求。

(6)观光农业园的分期建设实施的程序。

(7)观光农业园建设的投资匡算。

二、总体设计方案阶段

包括位置图、现状图、分区图、总体设计方案图、地形设计图、道路总体设计图、种植设计图、管线总体设计图、电气规划图、园林建筑布局图、鸟瞰图(局部景点透视图),总体设计说明书。

三、局部详细设计阶段

包括平面图、横纵剖面图、局部种植设计图。

四、施工设计阶段

包括平面的坐标网及基点、基线,施工放线图,地形设计图,水系设计,道路、广场设计,园林建筑设计,植物配植,假山及园林小品,管线及电信设计,设计概算。

第二节　规划阶段

一、观光农业建园条件分析

区位条件、立地条件、资源条件及社会经济条件四个方面决定一个地方能否建设观光农业的条件。

1. 区位条件

观光农业建园地的区位条件是决定观光农业能否建设及建设成功与否的首要因素。从旅游区位理论可以看出,决定观光农业建园的区位条件主要有客源市场条件和交通条件。

(1)客源市场条件　客源市场是指旅游目的地对地域相异的游客的吸引力及旅客的出游能力,包括人口密度、人均收入、消费水平、闲暇时间、出游形式、旅游偏好等。客源市场条件是观光农业建园成功与否的决定性因素之一,客源市场及潜在客源市场的规模、类型是观光农业的建设能否进行的首要因素,也是确定旅游项目的依据。

(2)交通条件　游客的出游在很大程度上取决于目的地的交通条件,交通条件的好坏往往与游客的多寡存在一定正相关的关系。这里所讲的交通条件包括两层含义:一是与城市的距离;二是交通的通达性。

影响观光农业建园的交通条件因素主要体现在以下两个方面:①离城市的远近直接关系到建园地游客的数量和相应配套设施的健全;②建园地与客源市场的交通便捷程度是游客出游考虑的条件之一,直接影响到游客数量。

2. 立地条件

立地条件是指观光农业建园地的情况,主要包括自然环境条件和农业基础条件两个方面。立地条件对观光农业的建园具有直接的影响,关系到项目的可行性、布局、工程投资大小等,还关系到规划用地开发利用的适用性和经济性。

(1)环境条件　建园地范围内的自然环境条件是建设观光农业必须考虑的重要因素。良好的自然环境是观光农业的必备条件,也是增强旅游资源吸引力的基础条件。观光农业建园地的自然环境条件主要包括植被状况、气候状况、水文水质状况、空气质量以及地形地貌类型5个方面。一般来说,具备丘陵和平原相间的地貌和温暖湿润的气候等条件,地下水充沛、地表水丰富、水质优良、土壤肥沃、植被丰富的地区对观光农业的开发建设有利。

(2)农业基础条件　建园地所在地域主要农副产品生产和供应的种类、数量和保障程度对观光农业的旅游开发有较大的影响。总的来说,农业的种类、产量和商品率与观光农业旅游开发呈正相关关系。只有对建园地所依托地区的农业基础条件进行仔细地分析和研究,才能确定观光农业旅游开发的主要方向。

3. 资源条件

观光农业的建设还要考虑建园地所具有的自然景观资源和人文景观资源。

(1)自然景观资源条件　选择建设观光农业的地区必须具备一定的自然景观资源,在具备自然景观资源条件的地区建园要比花大量人力改造建设观光农业节约资金,并能实现所建观光农业的持续发展。另外,由于观光农业具有强烈的地域性,建园地所在地区的综合自然景观资源条件在一定程度上决定了观光农业的开发类型和发展方向。

(2)人文景观资源条件　农村的生活习俗、农事节气、民居村寨、民族歌舞、神话传说、庙会集市以及茶艺、竹艺、绘画、雕刻、蚕桑史话等都是农村旅游活动的重要组成部分。

这些观光农业旅游活动中的重要人文景观不仅增强了观光农业旅游者的文化价值,而且还能提高观光农业旅游者的文化品位,从而吸引更多的游客前来观赏、研究。

4. 社会经济条件

影响观光农业开发建设的社会经济条件主要包括建园地的区域经济、基础设施和旅游发展。

(1)经济条件　主要是指某地所处的经济环境,也就是该地的总体经济发展水平。它涉及经济基础、经济发展水平、资金、技术等多方面。经济条件对观光农业的开发建设是十分重要的。处在较好经济环境的观光农业优势突出,发展潜力巨大,对该地的发展具有推动作用;反之,则潜力小,制约该地的发展。衡量一个地方经济发展水平的重要指标主要有当地的消费能力和投资能力。

(2)基础设施条件　主要包括水、电、能源、交通、通信等设施。这些基础设施是观光农业开发,特别是观光农业技术建设中不可缺少的条件和因素,并直接影响到观光农业开发建设的难度和投资金额。

(3)旅游发展条件　观光农业旅游的开发与本地区内旅游发展的情况密切相关。有良好旅游发展条件的地区,其旅游业的发展必将带来大量的游客,从而带动观光农业向可持续方向发展,实现创收。

二、基础资料收集

1. 基础资料分析

(1)目标定位　这是指确定观光农业园的类型。因为观光农业园各类型之间差异很大,规划前期,要首先确定基地是用于农业科技园的建设,还是用于观光农业建设;是规划一个完整的观光农业园,还是把农业观光作为园区的一部分内容。比如,顺德的生态乐园就把观光农业作为其中的一个园区。

(2)性质分析　这是指对主要服务对象的分析。这将影响到规划的方向与建设的标准。比如,北京的少儿农庄、富阳白鹤村的“三味”农庄,主要面向小学生团体;而泰安的家庭旅游、大连的凌水农庄,则以接待家庭旅游为主。

(3)旅游供应条件　这是指园区内观光农业资源的状况、特性及其空间分布、最大允许环境量、水电供应能力及其他公用设施、商业饮食服务设施的种类、营业面、对外交通的吞吐能力、旅游通信设备水平等方面。因为观光农业园季节性比较强、户外活动较多,对于环境容量必须做出应有的分析规划;而对外交通能力则决定了游人的可达性,应引起一定的重视。此外,园区所属地居民的经济、文化背景及其对旅游活动的容纳能力、游客的旅游活动及当地居民的生产、生活活动与观光农业园区环境相合情况也应做出考虑。

2. 目标定位

确定规划目标,以目标为导向进行规划;确定园区的性质与规模、主要功能与发展方向;并在规划过程中对目标作出讨论并进一步提炼。

3. 园区发展战略

在调查—分析—综合的基础上,对园区自身的特点作出正确的评估后,提出园区发展战略,确定实现园区发展目标的途径,挖掘出提高农业观光休闲的市场潜力。

4. 园区产业布局

确定农业产业在园区中的基础地位,规划在围绕农作物良种繁育、生物高新技术、蔬菜与花卉、畜禽水产养殖、农产品加工等产业的同时,提高观光旅游、休闲度假等第三产业在园区景观规划中的决定作用。园区产业布局必须符合农业生产和旅游服务的要求。

5. 园区功能布局

园区功能布局要与产业布局结合,充分考虑游客观光休闲的要求,确定功能区,划定接待服务区、农产品示范区、观光采摘区、生产区范围,完成园区功能布局图。

6. 园区土地利用规划

合理确定园林绿地、建筑、道路、广场、农业生产用地等各项用地的布局,确定各项用地的大小与范围,并绘制用地平衡表。对不同土地类型的各个地块做出适宜性评价,达到农业土地的最合理化利用,取得最大的经济效益。

7. 景观系统规划设计

景观系统规划设计要强调对园区土地利用的叠加和综合,通过对物质环境的布局,设想出园区景观空间结构的变化和重要节点的景观意向。包括基础服务设施规划、游憩空间规划、植物景观配置规划、道路系统规划、水电设施规划。

另外,观光农业园在具体规划设计时要注意如下方面:

(1)开发与保护并举。

(2)大力推行小区经营。

(3)因地制宜,体现特色。

(4)坚持“农游合一”相结合。

三、分区规划

依据观光农业园总体布局的定位、原则,观光农业园又可细分布局功能区为:入口区、服务接待区、管理区、科普展示区、特色品种展示区、精品展示区、种植采摘区、种植体验区、引种区、休闲度假区、生产区等功能区等,表 5-1 为休闲农场农业经营体验区体验活动一例。

表 5-1　台湾南投县名间乡来就补休闲农场农业经营体验区体验活动

活动分区	分区面积(hm^2)	活动内容	设施项目
1. 南投农业小世界	0.8154	生产、采集、观赏、教育解说	解说牌、喷灌设施、遮阴设施、棚架、小凉亭
2. 香草植物园	0.20	生产、采集、观赏、教育解说、香草浴	解说牌、喷灌设施
3. 百草园	0.15	生产、采集、观赏、教育解说、药草浴	解说牌、喷灌设施、遮阴设施
4. 养生有机野菜园	0.15	生产、采集、观赏、教育解说、料理品尝	解说牌、喷灌设施、遮阴设施
5. 争奇斗艳花圃	0.12	生产、采集、观赏、教育解说、赏蝶	解说牌、喷灌设施
6. 生态农塘	0.08	观赏、教青、喂饲、两栖生态观察	解说牌、垃圾桶、饮料销售机、座椅、护栏
7. 览胜树林及森林呼吸体能活动场	0.20	树木解说、散步、森林浴、野餐、赏鸟,体能训练、休憩养生	步道、凉亭、解说设施、休憩椅、垃圾桶、排水草沟、体能设施、洗手台
8. 精致园艺栽培教育区	0.24	乡土文物展示、观赏、品尝	棚架、洗手台、洗手间、照明设施、小广场、休憩桌椅
9. 昆虫生态教育园区	0.01	观赏、昆虫生态教学	标示牌、温室
10. 青青草原亲子游戏场	0.02	儿童游戏、体能活动	游戏设施、标示牌、植栽
11. 停车场	0.13	停车、休息	停车路、植栽、标志牌
合计	2.1154		

(1)入口区:用于游客方便入园休闲体验的用地。

(2)服务接待区:用于相对集中建设住宿、餐饮、购物、娱乐、医疗等接待服务项目及其配套设施。

(3)管理区:为园区管理建设用地。主要建设项目为办公用房、仓库、停车场等。

(4)科普展示区:是为儿童及青少年设计的活动用地,以科学知识教育与趣味活动相结合,具备科普教育、电化宣教、住宿等功能。

(5)特色品种展示区:本区以各种不同的具有当地特色的农产品种植展示区,为观赏性较强品种展示空间。

(6)精品展示区:为精品农作物种植区,可满足不同层次休闲体验者的要求。

(7)种植采摘区:此区面积最大,是观光农业园的基本用地。

(8)种植体验区:小范围场地种植体验认养区域,在此人们通过认养农作物的方式,选择性地参与农作物施肥、剪枝、疏花、蔬果、套袋、采摘等各项技术劳作。

(9)引种区:引进和驯化国内外优良的果品品种,建立优良农产品品种引进、选育和繁育体系。

(10)休闲度假区:主要用于游览者较长时间地观光采摘、休闲度假之用地。

(11)生产区:从事传统农产品生产的区域。

(12)综合利用展示区:展示农业提供丰富的农、林、牧、副、渔产品等生产功能。

(13)农业知识展示区:进行农业景观的展示和模拟。

(14)特色餐饮购物区:提供乡土风味的特色餐饮、土特产和民俗工艺产品。

四、规划成果

在形式上包括:可行性研究报告、文本(含汇报演示文本)、图集、基础数据汇编。

主要内容:园区社会及自然条件现状分析,园区发展战略与目标定位,项目建设指导思想及原则,园区空间布局,园区土地利用,园区功能分区及景观意向,园区环境保障机制,园区游憩系统布置,景观规划与设计的实施方案,客源市场分析与预测、投资与风险评价,环境影响分析与评价,经济效益、社会效益、生态效益评价,组织与经营管理。

五、观光农业园规划阶段的注意事项

(1)总体规划与资源(包括人文资源与自然资源)利用相结合。因地制宜,充分发挥当地的区域优势,尽量展示当地独特的农业景观。

(2)把当前效益与长远效益相结合。以可持续发展理论和生态经济学原理来经营,提高经济效益。

(3)创造观赏价值与追求经济效益相结合。在提倡经济效益的同时,注意园区环境的建设,应以体现田园景观的自然、朴素为主。

(4)综合开发与特色项目相结合。在农业旅游资源开发的同时,突出特色又注重整体的协调。

(5)生态优先,以植物造景为主。根据生态学原理,充分利用绿色植物对环境的调节功能,模拟园区所在区域的自然植被的群落结构,打破狭义农业植物群落的单一性,运用多种植物造景,体现生物多样性,结合美学中艺术构图原则,来创造一个体现人与自然双重美的环境。

(6)尊重自然,体现“以人为本”。在充分考虑园区适宜开发度、自然承载能力的情况下,把人的行为心理、环境心理的需要落实于规划设计之中,寻求人与自然的和谐共处。

(7)展示乡土气息与营造时代气息相结合,历史传统与时代创新相结合,满足游人的多层次需求。注重对传统民间风俗活动与有时代特色的项目,特别是与农业活动及地方特色相关的旅游服务活动项目的开发和乡村环境的展示。

(8)强调对游客“参与性”活动项目的开发建设。游人在观光农业园区中是“看”与“被看”的主体,观光农业园的最大特色是,通过游人作为劳动(活动)的主体来体验和感受劳动的艰辛与快乐,并成为园区一景。

景观系统规划设计要强调对园区土地利用的叠加和综合,通过对物质环境的布局,设想出园区景观空间结构的变化和重要节点的景观意向。

第三节　总体设计方案阶段

在明确观光农业园在城市绿地系统中的关系,确定了观光农业园总体设计的原则与目标以后,便进入总体设计方案阶段,着手进行以下设计工作,还要争取做到多方案的比较。设计方案阶段的多方案比较,是一种很好的设计选择手段。不同的设计者,由于个人的园林设计经验、经历以及文化素质、修养等不同,而在同一命题下,产生风格、形式迥然不同的方案。

一、主要设计图纸内容

1. 位置图

属于示意性图纸,表示该观光农业园在城市区域内的位置,要求简洁明了。

2. 现状分析图

根据已掌握的全部资料,经分析、整理、归纳后,分成若干空间,对现状作综合评述。可用圆形圈或抽象图形将其概括地表示出来。例如:经过对四周道路的分析,根据主、次城市干道的情况,确定出入口的大体位置和范围。同时,在现状图上,可分析观光农业园设计中有利和不利因素,以便为功能分区提供参考依据。

3. 功能分区图

根据总体设计的原则、现状图分析,根据不同年龄段游人活动规划,不同兴趣爱好游人的需要,确定不同的分区,划出不同的空间,使不同空间和区域满足不同的功能要求,并使功能与形式尽可能统一。

4. 总体设计方案图

根据总体设计原则、目标,总体设计方案图应包括以下诸方面内容:第一,观光农业园与周围环境的关系;观光农业园主要、次要、专用出入口与市政道路的关系,即面临道路的名称、宽度;周围主要单位名称或居民区等;观光农业园与周围园界是围墙或透空栏杆要明确表示。第二,观光农业园主要、次要、专用出入口的位置、面积,规划形式，主要出入口的内、外广场，停车场、大门等布局。第三，观光农业园的地形总体规划，道路系统规划。第四，全园建筑物、构筑物等布局情况，建筑平面要能反映总体设计意图。第五，全园植物设计图。此外，总体设计图应准确标明指北针、比例尺、图例等内容。

5. 总体设计图

面积100 hm^2 以上，比例尺多采用1∶2000～1∶5000；面积在10～50 hm^2 左右，比例尺用1∶1000；面积8 hm^2 以下，比例尺可用1∶500。

6. 地形设计图

地形是全园的骨架，要求能反映出观光农业园的地形结构。以自然山水园而论，要求表达山体、水系的内在有机联系。根据分区需要进行空间组织，根据造景需要，确定山地的形体、制高点、山峰、山脉、山脊走向、丘陵起伏、缓坡、微地形以及坞、岗、岘、岬、岫等陆地造型。同时，地形还要表示出湖、池、潭、港、湾、涧、溪、滩、沟、渚以及堤、岛等水体造型，并要标明湖面的最高水位、常水位、最低水位线。此外，图上要标明入水口、排水口的位置(总排水方向、水源及雨水聚散地)等。也要确定主要园林建筑所在地的地坪标高，桥面标高，广场高程以及道路变坡点标高。还必须标明观光农业园周围市政设施、马路、人行道以及与观光农业园邻近单位的地坪标高，以便确定观光农业园与四周环境之间的排水关系。

7. 道路总体设计图

首先，在图上确定观光农业园的主要出入口、次要入口与专用入口，还有主要广场的位置及主要环路的位置，以及作为消防的通道。同时确定主干道、次干道等的位置以及各种路面的宽度、排水纵坡。并初步确定主要道路的路面材料，铺装形式等。图纸上用虚线画出等高线，再用不同的粗线、细线表示不同级别的道路及广场，并将主要道路的控制标高注明。

8. 种植设计图

根据总体设计图的布局、设计的原则以及苗木的情况，确定全园的总构思。种植总体设计内容主要包括不同种植类型的安排，如密林、草坪、疏林、树群、树丛、孤立树、花坛、花境、园界树、园路树、湖岸树、园林种植小品、花圃、小型苗圃等等内容。同时，确定全园的基调树种、骨干造景树种，包括常绿、落叶的乔木、灌木、草花等。

种植设计图上，乔木树冠以中、壮年树冠的冠幅一般以5～6 m树冠为制图标准，灌木、花草以相应尺度来表示。

9. 管线总体设计图

根据总体规划要求，解决全园的上水水源的引进方式，水的总用量(消防、生活、造景、喷灌、浇灌、卫生等)及管网的大致分布、管径大小、水压高低等。以及雨水、污水的水量、排放方式、管网大体分布、管径大小及水的去处等。大规模的工程,建筑量大,北方冬天需要供暖,则要考虑供暖方式、负荷多少,锅炉房的位置等。

10. 电气规划图

为解决总用电量、用电利用系数、分区供电设施、配电方式、电缆的敷设以及各区各点的照明方式及广播、通讯等的位置。

11. 园林建筑布局图

要求在平面上反映全园总体设计中建筑在全园的布局,主要、次要、专用出入口的售票房、管理处、造景等各类园林建筑的平面造型。大型主体建筑,如展览性、娱乐性、服务性等建筑平面位置及周围关系;还有游览性园林建筑,如:亭、台、楼、阁、榭、桥、塔等类型建筑的平面安排。除平面布局外,还应画出主要建筑物的平面、立面图。

12. 鸟瞰图

设计者为更直观地表达观光农业园设计的意图,更直观地表现观光农业园设计中各景点、景物以及景区的景观形象,通过钢笔画、铅笔画、钢笔淡彩、水彩画、水粉画、中国画或其他绘画形式表现,都有较好效果。鸟瞰图制作要点如下:

(1)无论采用一点透视、二点透视或多点透视,轴测画都要求鸟瞰图在尺度、比例上尽可能准确反映景物的形象。

(2)鸟瞰图除表现观光农业园本身,又要画出周围环境,如观光农业园周围的道路交通等市政关系;观光农业园周围城市景观;观光农业园周围的山体、水系等。

(3)鸟瞰图应注意"近大远小、近清楚远模糊、近写实远写意"的透视法原则,以达到鸟瞰图的空间感、层次感、真实感。

(4)一般情况,除了大型公共建筑,城市观光农业园内的园林建筑和树木比较,树木不宜太小,而以15～20年树龄的高度为画图的依据。

二、总体设计说明书

总体设计方案除了图纸外,还要求一份文字说明,全面地介绍设计者的构思、设计要点等内容,具体包括以下几个方面:

(1)位置、现状、面积。

(2)工程性质、设计原则。

(3)功能分区。

(4)设计主要内容(山体地形、空间围合、湖池、堤岛水系网络、出入口、道路系统、建筑布局、种植规划、园林小品等)。

(5)管线、电信规划说明。

(6)管理机构。

三、工程总匡算

在规划方案阶段,可按面积,根据设计内容,工程复杂程度,结合常规经验匡算,或按工程项目、工程量,分项估算再汇总。

第四节 局部详细设计阶段

在上述总体设计阶段,有时甲方要求进行多方案的比较或征集方案投标,经甲方、有关部门审定认可并对方案提出新的意见和要求。有时总体设计方案还要做进一步的修改和补充。在总体设计方案最后确定以后,接着就要进行局部详细设计工作。

一、局部详细设计工作主要内容

1. 平面图

首先,根据观光农业园或工程的不同分区,划分若干局部,每个局部根据总体设计的要求,进行局部详细设计。一般比例尺为 1∶500,等高线距离为 0.5 m,用不同等级粗细的线条,画出等高线、园路、广场、建筑、水池、湖面、驳岸、树林、草地、灌木丛、花坛、花卉、山石、雕塑等。

详细设计平面图要求标明建筑平面、标高及与周围环境的关系。道路的宽度、形式、标高;主要广场、地坪的形式、标高;花坛、水池面积大小和标高;驳岸的形式、宽度、标高。同时平面上表明雕塑、园林小品的造型。

2. 横纵剖面图

为更好地表达设计意图,在局部艺术布局最重要部分或局部地形变化部分,做出断面图,一般比例尺为 1∶200～1∶500。

3. 局部种植设计图

在总体设计方案确定后,着手进行局部景区、景点的详细设计的同时,要进行 1∶500的种植设计工作。一般 1∶500 比例尺的图纸上,能较准确地反映乔木的种植点、栽植数量、树种。树种主要包括密林、疏林、树群、树丛;园路树、湖岸树的位置;其他种植类型,如花坛、花境、水生植物、灌木丛、草坪等用种植设计图可选用 1∶300 比例尺,或 1∶200 比例尺。

4. 施工设计阶段

在完成局部详细设计的基础才能着手进行施工设计。

(1)施工设计图纸要求

①图纸规范。图纸要尽量符合建设部《建筑制图标准》的规定。图纸尺寸如下:0号图 841 mm×1189 mm,1 号图 594 mm×841 mm,2 号图 420 mm×594 mm,3 号图 297 mm×420 mm,4 号图 297 mm×210 mm。4 号图不得加长,如果要加长图纸,只允许加长图纸的长边,特殊情况下,允许加长 1～3 号图纸的长度、宽度,零号图纸只能加长长边,加长部分的尺寸应为边长的 1/8 及其倍数。

②施工设计平面的坐标网及基点、基线。一般图纸均应明确画出设计项目范围,画出坐标网及基点、基线的位置,以便作为施工放线之依据。基点、基线的确定应以地形图上的坐标线或现状图上工地的坐标据点,或现状建筑屋角、墙面,或构筑物、道路等为依据,必须纵横垂直,一般坐标网依图面大小每 10 m 或 20 m、50 m 的距离,从基点、基线向上、下、左、右延伸,形成坐标网,并标明纵横标的字母,一般用 A、B、C、D……和对应的 A′、B′、C′、D′……英文字母和阿拉伯数字 1、2、3、4……和对应的 1′、2′、3′、4′……,从基点 0、0′坐标点开始,以确定每个方格网交点的纵横数字所确定的坐标,作为施工放线的依据。

(2)施工图纸要求内容　图纸要注明图头、图例、指北针、比例尺、标题栏及简要的图纸设计内容的说明。图纸要求字迹清楚、整齐,不得潦草;图面清晰、整洁,图线要求分清粗实线、中实线、细实线、点画线、折断线等线型,并准确表达对象。图纸上文字、阿拉伯数字最好用打印字剪贴复印。

①施工放线总图。主要表明各设计因素之间具体的平面关系和准确位置。图纸内容:保留利用的建筑物、构筑物、树木、地下管线等。设计的地形等高线、标高点、水体、驳岸、山石、建筑物、构筑物的位置、道路、广场、桥梁、涵洞、树种设计的种植点、园灯、园椅、雕塑等全园设计内容。

②地形设计总图。地形设计主要内容:平面图上应确定制高点、山峰、台地、丘陵、缓坡、平地、微地形、丘阜、坞、岛及湖、池、溪流等岸边、池底等的具体高程,以及入水口、出水口的标高。此外,各区的排水方向、雨水汇集点及各景区园林建筑、广场的具体高程。一般草地最小坡度为 1%,最大不得超过 33%,最适坡度在 1.5%～10%,人工剪草机修剪的草坪坡度不应大于 25%。一般绿地缓坡坡度在 8%～12%。

地形设计平面图还应包括地形改造过程中的填方、挖方内容。在图纸上应写出全园的挖方、填方数量,说明应进园土方或运出土方的数量及挖、填土之间全方调配的运送方向和数量。一般力求全园挖、填土方取得平衡。

除了平面图,还要求画出剖面图。包括主要部位山形、丘陵、坡地的轮廓线及高度、平面距离等。要注明剖面的起讫点、编号，以便与平面图配套。

③水系设计。除了陆地上的地形设计，水系设计也是十分重要的组成部分。平面图应表明水体的平面位置、形状、大小、类型、深浅以及工程设计要求。

首先，应完成进水口、溢水口或泄水口的大样图。然后，从全园的总体设计对水系的要求考虑，画出主、次湖面，堤、岛、驳岸造型，溪流、泉水等及水体附属物的平面位置以及水池循环管道的平面图。

纵剖面图要表示出水体驳岸、池底、山石、汀步、堤、岛等工程做法图。

④道路、广场设计。平面图要根据道路系统的总体设计，在施工总图的基础上，画出各种道路、广场、地坪、台阶、盘山道、山路、汀步、道桥等的位置，并注明每段的高程、纵坡、横坡的数字。一般园路分主路、支路和小路 3 级。路面一般要硬化，不能“晴天一身土，雨天一身泥”；园路最低宽度为 0.9 m，主路一般为 5 m，支路在 2～3.5 m。国际康复协会规定残疾人使用的坡道最大纵坡为 8.33%，所以，主路纵度上限为 8%。山地观光农业园主路纵坡应小于 12%。支路和小路纵坡宜小于 18%，超过 18%的纵坡，宜设台阶、梯道。并且规定，通行机动车的园路宽度应大于 4 m，转弯半径不得小于 12 m。一般室外台阶比较舒适高度为 12 cm，宽度为 30 cm，纵坡为 40%；一般混凝土路面纵坡在 0.3%～5%、横坡在 1.5%～2.5%，园石或拳石路面纵坡在 0.5%～9%，横坡在 3%～4%；天然土路纵坡在 0.5%～8%，横坡在3%～4%。

除了平面图，还要求用 1∶20 的比例绘出剖面图，主要表示各种路面、山路、台阶的宽度及其材料，道路的结构层（面层、垫层、基层等）厚度做法。注意每个剖面都要编号，并与平面配套。

⑤园林建筑设计。要求包括建筑的平面设计（反映建筑的平面位置、朝向、周围环境的关系）、建筑底层平面、建筑各方向的剖面、屋顶平面、必要的大样图、建筑结构图等。

⑥植物配置。种植设计图上应表现树木花草的种植位置、品种、种植类型、种植距离以及水生植物等内容。应画出常绿乔木、落叶乔木、常绿灌木、开花灌木、绿篱、花篱、草地、花卉等具体的位置、品种、数量、种植方式等。

植物配置图的比例尺，一般采用 1∶500、1∶300、1∶200，根据具体情况而定。大样图可用 1∶100 的比例尺，以便准确地表示出重点景点的设计内容。

⑦假山及园林小品。假山及园林小品，如园林雕塑等也是园林造景中的重要因素。一般最好做成山石施工模型或雕塑小样，便于施工过程中能较理想地体现设计意图。在园林设计中，主要提出设计意图、高度、体量、造型构思、色彩等内容，以便于与其他行业相配合。

⑧管线及电信设计。在管线规划图的基础上，表现出的上水（造景、绿化、生活、

卫生、消防)、下水(雨水、污水)、暖气、煤气等,应按市政设计部门的具体规定和要求正规出图。主要注明每段管线的长度、管径、高程及如何接头,同时注明管线及各种井的具体的位置、坐标。

同样,在电气规划图上将各种电气设备、(绿化)灯具位置、变电室及电缆走向位置等具体标明。

⑨设计概算。土建部分:可按项目估价,算出汇总价,或按市政工程预算定额中,园林附属工程定额计算。绿化部分:可按基本建设材料预算价格中苗木单价表及建筑安装工程预算定额的园林绿化工程定额计算。

园区规划与设计的实施是方案的进一步细化,是对总体方案做的进一步修改和补充,并对重要景观节点进行详细设计,完成园路、广场、水池、树林、灌木丛、花卉、山石、园林小品等景观要素的平面布局图。在完成重要景观节点详细设计的基础上,着手进行施工设计。

二、局部详细设计

观光农业园景观要素主要包括观光农业园地形、观光农业园水体和观光农业园建筑、景观细部构造设计。

1. 地形设计

观光农业园会遇到多种形态各异的地形地貌,要综合考虑利用原有地形、地貌。

(1)地形方案设计　研究各种地形地貌,如山地、平原、湖泊、水渠等,在观光农业园的景观设计当中分析地形的景观美学特征及空间关系是非常必要的。

(2)观光农业园地形处理原则　观光农业园的地形处理中应尽量适应地形,减少景观干扰,减少工程花费,防止表土流失,避免土壤侵蚀控制和再绿化的需要,充分利用现有的排水道,融合自然风景。

(3)观光农业园地形处理方法　良好的自然条件,能取得事半功倍的效果。对于这样的土地的处理,主要利用原有地形,只需稍加人工点缀和润色。观光农业园基地若具备良好地形条件,景观设计应围绕地形进行。原地形的利用可用环抱的土山或人工土丘挡风;用起伏地形,按“俗则屏之”原则进行“障景”;以土代墙,利用地形“围而不障”,以起伏连绵的土山代替景墙以“隔景”。

对地形过于平坦的观光农业园应进行合理改造,根据观光农业园栽培植被的具体分区来处理地形变化。通过利用并改造地形,为植物的生长发育创造良好的条件。而地形变化本身也能形成灵活多变的空间,创造出景区的园中园,比用建筑创造的空间更具有生气,更有自然野趣。

(4)观光农业园地形处理还要考虑排水要求　合理安排分水和汇水线,保证地形具有良好的自然排水条件。观光农业园中每块绿地应有一定的排水方向，可直接流入水体或由铺装路面排入水体，排水坡度可允许有起伏，但总的排水方向应该明确。观光农业园的地形起伏也不能太多，应适中。坡度小于1%的地形易积水，地表面不稳定；坡度介于1%～5%的地形排水较理想，适合于大多数活动内容的安排，但当同一坡面过长时，显得较单调，易形成地表径流；坡面介于5%～10%的地形排水良好，而且具有起伏感；坡度大于10%的地形只能局部小范围地加以利用。

(5)观光农业园的地形改造应尽可能就地平衡土方　挖池与堆山结合，开湖与造堤配合，使土方就近平衡，相得益彰。观光农业园地形改造采用半挖半填式方法进行，可起到事半功倍的效果。根据地形和风向还可安排观光农业园中特色游的服务设施用地，如风帆码头、烧烤场等。

2. 水体设计

观光农业园中，水体及其驳岸是非常重要的静态景观要素，可以说是观光农业园的灵魂。观光农业园若拥有一片引人入胜的水面或可在远处观赏的水景，一定要加以重视。这时的主要任务就是使水的视觉和实用功能得到最充分的利用。观光农业园水体的作用主要包括供水、灌溉、运输、水生动物生境、休闲功能以及风景价值。

(1)观光农业园水体美学特征　观光农业园中的水体包括点状景观，如水井、小水池；线状景观，如溪流、水渠、瀑布；面状景观，如湖泊、池沼。还包括静态与动态、大型与小型的水体。静态水体，适于作垂钓场地，是观光农业园开放性的空间，如池沼、渊潭，表现为或平远宽阔，或紧缩狭隘。观光农业园中大型的水体，往往是静态的，不仅参与地形塑造，更是空间构成的重要元素；它不仅被观赏，更重要的是提供了两岸对望的距离，限制了游人与景点的接触方式，控制了人与景点的视距。

观光农业园中的水体中还可设置桥、堤、岛，给游人穿越与接近水的体验，同时，它们又是静态依附于水体的景观。桥是水与陆的交通手段，似陆非陆，近水非水。堤和岛是水体的对比性点缀，有被水体衬托的图之美，与水形成典型的图底关系。它们和静态水体一起组成的静态景观具有很高的审美价值。

(2)观光农业园水体疏导　观光农业园中若有自然的水体，首先应考虑不破坏自然条件，保留河流堤岸的原始状态，加强与周围环境的统一。必要时，对水体堤岸表面可用石头、圆木和蔓生植物固定不动，以防止流水冲刷与侵蚀。自然式的水体可使观光农业园空间产生一种轻松、恬静的自然感觉，结合起伏的地形和自然式种植的树丛，形成一派宁静的田园风光。如北京十渡综合农业观光区中的自然式溪流就完全保留了原始状态。

若观光农业园中没有天然的水体条件，可设置人工水体。观光农业园中人工水体驳岸是水与陆的交界,也应设计成自然式或半自然式,驳岸形状最好由自然曲线构成,也可少部分使用直线的铺地或草坪,以产生突变、形成对比,但设计不能一成不变,应在适当的地方利用形状、色彩、质感或肌理的变化来丰富水际线,这其中要遵循主从、比例、均衡与对比的关系。观光农业园水体设计,讲究脉源相连,不孤置。水必须有源头,而非一潭死水。在大型观光农业园景观当中,水体可以作为划分区域的要素之一,也可作为联系和统一同一环境中不同区域的手段。

人们到观光农业园游览,总有沿湖散步、在水边休息、垂钓或穿越河流到达彼岸的愿望,观光农业园水体设计应安排一些运动路线,以满足这些愿望,同时达到对水体的最大限度的利用。这包括沿河小路、桥、堤、岛等的设置。观光农业园的滨水小路在水平和垂直方向上都应有一些蜿蜒起伏以产生层次深远的感觉,在铺装材料上应采用当地材料以与自然景色相融合,切忌“镶边”。观光农业园中桥梁和堤不仅可以提供给人们穿越的体验,同时也是划分观光农业园空间、增加层次的重要景观。设计中应从各个方向和角度,赋予桥梁雕塑感。观光农业园的桥梁设计应简洁,从材料、形状、色彩、结构和使用方式上反映当地的自然特性。观光农业园水体的岸边可适当设置小型绿化铺装广场、挑台台阶、栈道,创造亲水空间,从而让人们可轻松地从事赏景、垂钓、休闲等娱乐活动。

(3)观光农业园水景设施　观光农业园静态水体的水景设施是必不可少的环境要素,主要指水池设施。大规模观光农业园应设计多种水池,从自然式池塘到观赏用水池,供人们垂钓的养鱼池、儿童乐园的涉水池等。水池设计,要掌握好主景石、水面、地面三者之间的衔接关系以及图底关系。水池中除中心岛、小群岛、大块平石等主景石外,还要增添一些池塘构图要素,如洲岛、石桥、汀步、踏步石等。构造上,要注重池底处理,确定用水种类以及是否需要循环装置,确认是否安装过滤装置,是否设置水下照明,必须做好水池的防渗漏。此外,观光农业园中的人工水池的设置还必须注意节约用水、循环用水,让观赏用水与灌溉用水很好地结合起来,以保护生态环境。

(4)动态水体设计　观光农业园中动态水体的美除了它静态的外轮廓线以外,还在于它所带来的视觉和声音上的动感美,能为观光农业园整体景观增添许多典雅、活泼、高潮迭起的效果,流动的水声更为宁静的乡村增添静谧的气氛。溪涧、泉源、瀑布,是流动而带声音的动态水体景观。游鱼、水鸟、涉禽,是浮游和涉足于水体的动态生物景观。水声潺潺、奔流激荡、岩崖下泄、危峰飞瀑、翻腾翔跃、扬鳍穿梭,构成了动态水体的综合景观。

观光农业园动态水体往往是小型水体,这时水景重在单体,可喷、可涌、可射、可流,不仅为观光农业园提供声音美,还能成为视觉焦点。观光农业园的小型动态水体可布置在人流集中的广场区,或对景、夹景的终点,成为观光农业园的视觉中心景观。也可设置在观光农业园建筑室内,让观光农业园建筑室内室外情景交融。

观光农业园中的动态水景设施主要包括溪流、瀑布。观光农业园中的溪流要尽量展示自然原野中溪流、小河流的风格，适当设置各种主景石，如隔水石、切水石、破浪石等；对游人可能涉入的溪流，其水深不应大于 30 cm，以防儿童溺水；对溪底可选用大卵石、砾石、水洗砾石、瓷砖、石料等铺砌处理，以美化景观；大卵石、砾石、溪底适当加入砂石、种植苔藻，不仅能更好地展示其自然风格，而且也可减少清扫次数。观光农业园适合小型瀑布，可设计成多种跌落形式，如丝带式、幕布式、阶梯式、滑落式瀑布等，瀑布中应模仿自然景观，设置各种主景石，分流石、破滚石等。

3. 建筑方案设计

观光农业园中的建筑有生产性建筑与非生产性建筑之分。

(1)温室建筑　温室是观光农业园中的生产性建筑。“借景所藉，切要四时”，设施栽培是保证观光农业园春、夏、秋、冬四季均可游览、采摘的重要保障。随着日光节能温室结构优化，其用途和作用也越来越广、越来越大，除用于蔬菜生产外，畜、禽、鱼类养殖等领域会有大的发展，同时这些领域也具备很高的观赏性，因此，温室建筑在观光农业园的发展中，将发挥着重要先导作用。

温室作为标志性建筑，对观光农业园整体环境的艺术性有至关重要的作用。其中，大型观光温室往往是整个观光农业园或某一景区的主景，宜采用独特的建筑风格和现代新型材料技术，主要反映重复美和钢结构的简洁美，是时代感很强的现代高科技的象征。大型温室内外游人比较集中，应结合全园主要游览线布置。小型日光温室也应经过精心设计或改造，使其成为观光农业园中宜人的景观点。观光农业园中的大型温室建筑应采用现代构成的建筑设计理念，在技术和投资可能的情况下适当调整建筑的方形外观，形式上应吸取中国造园院落的内涵，土石、水池出没于建筑室内和院落。

应注意室内外植物的交融，让菜蔬瓜果等田园景观穿插入餐厅室内，强调建筑虚空间的创造，使室内外情景交融。大型温室建筑应在采用先进的施工技术基础上，尊重当地的历史文化，大胆地进行美学创新。

(2)服务性建筑　观光农业园服务性建筑包括餐厅、别墅、体育休闲中心、接待室、茶室等，在定位和造型上都有较高的要求，应该以分散、点景的方式进行建筑布局，可以借鉴亭、廊、花架式样的建筑形式，完全遵守景观点的处理法则。

(3)建筑小品　观光农业园建筑小品包括亭榭、雕塑、喷泉、座椅、灯具乃至台阶、铺地等。设计应注意行为科学，把功能和美化结合起来，防止“重美轻人”。

观光农业园中路径铺地、小品建筑等，应以“点”或“线”的角色出现在观光农业园之中。其设置应汲取传统园林建筑形式的功能及审美实质，如亭、廊、榭、舫、轩、馆、楼、阁等，其中绿廊是观光农业园中最具特色的小品建筑。尤其是带有农业特色的室内外家具与陈设,它们的数量、大小、位置,与形、色、质的有机构成,能够美化和暗示整个观光农业园的文化性质。设计尽量与农业历史、传统、生产、民风民俗等农业文化相结合,如可设置日冕、水车、古井、织布机、石磨、古代农机具等充满乡土气息的景观小品,另外,座椅、雕塑、大门、垃圾箱等都可以采用趣味植物造型,如水泥塑成的假山、仿竹木亭、藤桥、树桩座椅等。

另外,观光农业园中的建筑小品的建设还应考虑使景观在生态和经济上达到可持续发展,如对厕所的设计,可以在景区建造"净化沼气池"和有"绿色保护"的生态厕所,对维护观光农业园的生态环境会起到良好的效果。

(4)建筑设计方法　观光农业园建筑造型,应与农村自然环境相融合,体现农家气息。观光农业园建筑风格,既要有浓郁的地方特色,又要与观光农业园的性质、规模、功能相适宜;观光农业园建筑布局,要充分考虑与地形间的关系。地表形态是强烈的视觉要素,考虑与地形间关系的建筑物其本身力度会增加,同时容易与地形特征相和谐。

观光农业园建筑设计应考虑与自然的同构关系,尊重自然气候,采用当地自然材料。观光农业园建筑设计要掌握保护农田的原则,让建筑进入环境,环境进入建筑,通过相互作用,削弱人工迹象。

建筑材料最好就地取材,尽可能采用当地的自然材料,如田间石材、木材等。用这类自然材料有助于加强建筑物同周围环境的联系,这样既可节省大量投资,又能体现浓厚的地方色彩,在色彩、肌理上使观光农业园易于与周围自然环境相协调。观光农业园建筑设计还必须注意与周围场地的关系,即图底关系,这是建筑与自然融合的最佳方法。既可考虑将场地当作主体建筑的环境,这时建筑是图,场地是底;也可将建筑看作景观的附属,对它进行设计以补充自然的轮廓和形态,这时场地是图,建筑是底。只有满足了图底关系,建筑和场地的关系才更自然、协调,融为一体。

(5)观光农业园建筑形式的选择　特色乡土民居可成为观光农业园中小型建筑的建筑形式,如别墅、茶室或各种构筑物等。

乡土民居被称为"生态家屋",能适应当地的实际,采取变通的办法而不拘泥,依山之势,跨水之边,村落的大小分合、房屋的前后错落都因环境的自然条件而变化。重视环境、风水、落位,因地制宜,就地取材,坐北朝南,落处阳光地段,是全世界乡土地方性民居的建筑特色。乡土民居在城市中早已被高楼大厦取代,但它适应观光农业园的生态环境、传承地域文化、民族特征,造价低廉,它最大限度地适应当地气候,融会于地方性的自然生态之中,是适合观光农业园的建筑形式。可选择当地民居、原始民居、世界各地与当地气候适合的特色民居等形式。

4. 景观细部构造设计

景观环境设施工程是观光农业园建设中最重要的一个环节。它既是观光农业园文化质量的具体体现，又是开展观光农业园旅游活动的物质条件和保障，直接维系着观光农业园的文明形象。观光农业园的环境设施必须精心营建，不仅要实用，还要美观、有文化气息，这样才能创造出具有审美意味的文化氛围。具体到环境设施的指路牌、饮泉、凉亭等设计得当均可充分体现"以人为本"的人文关怀；而多种景观要素如垃圾箱、座椅、标志等的重复出现可使观光农业园整体协调，主题更加突出。

(1)路面和广场铺装　为增加观光农业园绿化率，以保护生态环境，观光农业园路面和广场宜多作绿化，不宜作太多铺装。其中，游憩小路可设计为石灰岩土路面、砂土路面、改良土路面等的简易路面。观光农业园路面也适合不作铺装，更显示乡村朴素的天然美，同时由于渗透性好，且可保护生态环境，反而能够招引游人前来踏足。广场和停车场应采用透水性草皮路面。

(2)台阶、挡土墙　观光农业园地形起伏较大时需设置台阶、坡道和挡土墙。观光农业园室外台阶的样式可多样化，适合采用天然石、卵石、圆木桩等材料。观光农业园挡土墙的形态设计上可采取直墙式和坡面式两种。部分挡土墙可充分利用地形，设计成浮雕形式。材料上宜采用嵌草皮预制砌块、卵石、毛石等材料。

(3)路缘石　观光农业园路缘石是为确保行人安全，进行交通诱导，保留水土，保护植栽以及区分路面铺装等而设置在车道与人行道分界处、路面与绿地分界、不同铺装路面的分界处等位置的构筑物。观光农业园路缘石尽量能够就地取材，采用石头路缘石或木桩路缘石较好。

(4)围栏　观光农业园的围栏，如竹篱等范围物，对观光农业园起到安全防护、标明分界等作用。同时，也是处理观光农业园各分区之间景观联系、遮挡的重要手段。木制绳栏和竹篱深受城市居民喜爱，可就地取材，也易于溶入周围环境，在观光农业园中应广泛采用。

(5)饮泉　饮泉、洗手台既是满足人们生理要求、讲究卫生不可缺少的园林设施，也是重要装饰点，可以说是不可缺少的功能设施。观光农业园中可设置多处饮泉点。饮泉材料宜选用混凝土和天然石料两种，结构上最好采用一些饮泉和洗手台兼用的形式。为节省能源，饮泉应采用自动水龙头。

(6)凉亭和棚架　凉亭和棚架是观光农业园中应用得最多的环境设施，都是采用蔓生植物结构的庇荫设施。棚架采用圆木做梁柱、竹料作擦条，也可采用仿木混凝土、仿竹塑料擦条。凉亭使用木材、混凝土钢材等做梁柱，木材或钢材作擦条。凉亭与棚架的形式、色彩、尺寸、题材都应与观光农业园环境相适应、协调。

(7)垃圾站、垃圾箱　观光农业园的垃圾站、垃圾桶、垃圾箱的造型、色彩设计都应充分考虑景观的要求。它们是园中多次重复出现的设施,设计得法则可成为协调观光农业园主题的要素。观光农业园垃圾站的位置应挑选既方便清洁车顺利回收垃圾又不醒目的位置和路线,但应避免空气污染或破坏景观的地点。垃圾站应避开交叉路口、交通量大且游人目光容易汇集的地方,在垃圾站周围要设置围墙或植栽作遮蔽。

(8)停车场　很多观光农业园不注重停车场位置的预留,这大大降低了观光农业园的可进入性。观光农业园停车场设计应严格按照国家规范要求。观光农业园停车场内部绿化可选种结缕草等地被植物。踏压严重的地方可选择绿地砌块等植物保护材料。观光农业园停车场内绿化植树,既可美化环境,又可形成庇荫,绿化带的宽度视所选栽植而定,如是高大树林,绿带宽度应在 1.5～2.0 m 以上。

(9)环境小品　为方便游人游览,观光农业园无论投资大小,都应适当设置环境小品。包括座椅、果皮箱、雕塑小品等。观光农业园座椅设置方式有平置式、嵌砌式固定在花坛绿地挡土墙上的座椅、以绿地挡土墙兼用的座椅,树木周围兼作树木保护设施的围树椅等形式。观光农业园座椅的制作材料最好采用木材、石材、各类仿石材料、金属或木材与混凝土、木材与铸铁等组合材料。座椅的色彩、造型及配置应结合环境总体规划来设计,并体现自然、朴素、趣味的特征。果皮箱的制作材料可选择金属、混凝土或陶瓷成品。在材质、色彩、规格上要体现纯朴的乡村气息。

(10)标志　观光农业园的标志包括名称标志,如标志牌、树木名称牌;环境标志,如导游板、观光农业园布局示意图、设施分布示意图;指示标志,如出入口标志、导向牌、步道标志;警告标志,如禁止入内标志、禁止踏入标志等。观光农业园标志的设置应根据观光农业园用地的总体建设规划,决定其形式、色彩、风格、配置,制作出美观且功能兼备的标志,形成优美环境。标志的设计方法有独立式、墙面固定式、地面固定式、悬挂式。标志主件的制作材料应选择耐久性强的,如花岗岩类天然石、不锈钢、红杉类木材、瓷砖、丙烯板等。在观光农业园的景观设计过程中,利用不同的建筑造型、色彩、行道树、地面铺装材料,并通过设置纪念性建筑、标志性树木、大门等可使建筑本身具备一定标志功能。

(11)儿童游乐设施　由于观光农业园的很大一部分客源是青少年儿童,因此,儿童游乐设施也是可为观光农业园添色、吸引游客的重要环境设施。出于对观光农业园生态环境保护的考虑,观光农业园游乐设施规模不能过大,注意控制其空间比例。在儿童乐园中,除安装各种场地所需的器械外,还应设置一些将攀登架和滑梯组合起来的组合式器械,并设置供大孩子们玩的玩球广场。所选游戏器械应既具备安全性,又兼顾舒适性与美观。观光农业园游戏区内的地面应采用沙地、土地或橡胶地板块,避免幼儿在器械上跌落摔伤。观光农业园小型游戏设施的设置还应注意在家长看护目光可及之处设置藤架、花架等,既可将年长孩子隔离开,又可为幼儿及家长遮阴蔽日。

5. 解说系统设计

解说系统规划设计内容包括软件部分(导游员、解说员、咨询服务等具有能动性的解说)和硬件部分(导游图、导游画册、牌示、录像带、幻灯片、语音解说、数据展示栏等多种表现形式)两部分,其中牌示是最主要的表达方式。完善解说系统规划设计,向旅游者进行科普教育,增加游客对悠久的农耕文化和丰富的自然资源的知识,如生态系统、农作物品种、文化景观,以及与其相关的人类活动的了解。

第六章　观光农业园经营管理

观光农业园是农业高速发展和城乡一体化发展的需要，观光农业园的出现等于扩大了人类的生存空间，为人类生存和需求创造了更好的、更加愉悦的自然条件。如我国台湾省的观光农业位居世界领先地位，从 20 世纪 70 年代到 20 世纪末，台湾省借助“农业发展实现农业生产企业化，农民生活现代化和农村生产自然化”的措施，形成了生产、生活与生态相结合、平衡发展的“三生观光农业”，从而解决了台湾农业萎缩，农产品过剩，外国产品向台湾倾销等一系列问题，农业生产水平迅速提高而位居世界前列。

观光农业园是农业结构调整和社会经济生活发展的需要，农业结构调整，农业集约化生产和社会经济发展对农业的可持续发展起到了积极地推进作用。传统农业的一家一户分散、高耗、低效且不合理的种植结构和生产形式已渐渐不适合现代农业的要求，农民迫切希望有一种快速、低耗、高效的现代农业生产形势出现，农民也迫切需要资金、信息、科技等方面的有力支持与引导。观光农业园的出现，不仅为农业结构调整提供了示范，而且也吸引了城市居民到此一游。城市居民到农村乡间观光旅游会带去大量的科技思想、市场信息和文明生活方式，既可以促进农民素质提高，也加快了农村城市化进程。展示的高效农业也能吸引城镇居民到此投资，从而加快农业产业化进程。此外，还能促进农业由第一产业向第三产业转化，培育新的经济增长点，提高经济效益和社会效益。

观光农业与传统的农业相比，强化了旅游观光功能，基本上属于复合型产业，本章主要从观光农业生产经营管理和观光农业园经营管理两方面探讨观光农业园的经营与管理。

一、观光农业生产经营管理

农业设施现代化，充分利用观光园的资金、物资、科技优势，增加对农业的投入，基本实现农业设施的小型化、现代化、工厂化和集约化经营。在观光园内投入先进的设施，使观光园在有限的面积上通过设施建设，用最可靠的办法控制生物环境，让农作物产量最高，周期周转最快。

1. 技术运用高科技化

农业生产手段向全自动化和设施化、智能化发展。一年四季都可以生产各种洁净的时令鲜果菜蔬，全自动化的蔬菜自动移栽机开始取代手工劳动，并且可以运用电脑联网安排农事，田间作业可以靠机器人控制，温室大棚内的湿温度可以采用自动调节等高科技技术。

2. 产品质量管理规范化

按出口农产品、绿色农产品的规范化质量标准进行生产，提高产品竞争力，树立市场品牌。

建立生产加工销售经营模式一体化。促进农产品精深加工，综合开发利用，提高农产品及其加工品的科技含量，实现多次转化增值，提高农业比较效益。同时可以从生产管理、经营观念、科技利用、市场营销等方面提高综合素质。

3. 农业产品高度商品化

贯彻从消费中来到消费中去的生产技术路线，发展适应消费者需要的农业生产，特别要开发适用于加工、外餐用的优质、高级、符合健康意象的农产品。

观光园成产业化结构，促进农村经济全面发展以旅游为启动，推动工、商、建、运、服全面发展，客流量增大，游客消费增长，可以带动餐饮、旅馆、交通运输业，旅游纪念品加工业、工艺品制造业和房地产业，这势必需要调整社会劳动资源的投向，以观光农业为媒介，招徕八方宾客，能带来经济科技的信息交流与合作渠道，有助于引进外资、技术、人才，从而推动当地农业乃至经济的发展。

4. 注重观光园形式多样化

强调更多地与城市其他产业融合，表现在“健康产业”“外食产业”等新型都市农业产业上。

建立“公司＋观光园”的投资形式，形成企业化运作。小的观光园依托大公司，生产经营管理企业化运作，着眼于长效发展，实现生产销售一条龙。

建立“观光园＋高等院校”的合作形式，农产教一体化。由院校、科研院所负责园区规划设计及生产技术指导，可以利用一系列农业高新技术来保证园区的科技优势。

与大专院校、科研所合作，建立利益共享、风险共担的利益机制，形成利益共同体，增强参与竞争和抗风险的能力。

建立“批发市场＋观光园”等经营机制，把观光园与市场有机地联系在一起，按照市场需求进行产业化经营，生产各类优质、新鲜、卫生、安全的农副产品，满足市民多层次的需求。其显著特点是利用各类现代化生产设施和先进技术，采用融合无毒苗木、清洁肥料、综合防治等无公害生产方式。生产一般农区不易替代的不耐贮藏运输的各种新鲜绿叶菜及部分水果。还应重视以市场为导向，挖掘与开发富有本地特色的农副产品，重视科技含量较高的新品开发，以示范园的形式出现，创造广阔的市场发展前景和巨大的发展空间，以满足市民的各种需要，增强观光农业的市场观念。

建立“观光园＋农户”的生产方式，实行产业化经营。农业受加入 WTO 的影响，农产品逐步开放，农产品的市场供求关系也发生了巨大变化，产量低、高成本的产品将被淘汰。而城市文化经济的高速发展，人们追求食品安全、卫生、新鲜，即食品的绿色和保健功能，将促进绿色和保健农产品生产，也将引发地区农业产业结构的调整。观光园带来的是新项目、新品种、新技术，可以吸引农民以土地入股的方式，与农户签订单，保证销售、收购，可以形成以观光园为龙头，带动附近村镇进行大规模农业结构调整的局面。

5. 经营管理网络化发展

运用电脑网络建立虚拟机构进行农业营销管理，实现区域范围内的时鲜蔬菜的配送。可供开发的互联网农业信息数据库系统有：①区域农产品价格分布经营系统。②果蔬百科，主要是有关果蔬产品的信息库。③农作物资源库，关于农作物品种图片资料的信息库。④农业经营计划支持系统，此系统侧重于从天气到价格波动等农业生产中的风险防范。电脑普及可以使客户跨社区交流增加，主要目的是促进与消费者的交流，收集市场信息，介绍自己的产品，制定耕作时间表和获取其他信息。

二、观光农业园经营管理

观光农业是利用游览、休闲等形式将农业资源拓展为旅游资源的新型产业。与传统农业的不同之处在于它是一种文化性强、自然意趣浓、能同时满足人们精神与物质双重享受的现代农业与旅游休闲相结合的绿色产业。农业资源作为观光休闲场所，通过提供观赏、游览、品尝和选购等消费服务方式，使农业资源延伸为旅游资源，又可以直接增加其附加经济价值。农业资源与旅游资源结合既有自然风光价值，又兼田园生活情趣，且能满足市民品鲜、尝新、择优选购的消费心理，不但对旅游业的发展非常有利，对交通业、服务业等第三产业的发展都有积极的意义。

观光园有三类：一是农园环境利用型，用于市民对各类农园的观赏休息。如农业公园、森林公园、自然休养村等。二是农产品观赏、品尝类园区。在果实成熟时，让游客采摘品尝。三是参与农产品生产过程，让市民参与耕作，体验农村生活。如民宿农庄，另外，还有农业生产科普教育园地，让城市青少年通过参与农事活动了解农业，增长农业知识与技能。

1. 观光农园

以生产农作物、园艺作物、花卉、茶等为主经营项目，让游客享受田园乐趣，并可欣赏、品尝、购买的园区为观光农园。既可细分为观光果园、观光菜园、观光花园、观光茶园等，如北京朝来农艺园等，这是观光农业最普遍的一种形式。对生产者来说，观光农园虽然增加了设施的投资，却节省了采摘和运销的费用，使得农产品价格仍然具有竞争力；对消费者来说，这种自采自买的方式尤其适合于那些优质的生鲜产品，不仅买得放心，还达到了休闲的效果。

2. 市民农园

所谓市民农园，是指由观光园提供农地，让市民参与耕作的园地，一般是将位于都市或近郊的农地集中规划为若干小区，分别出租给城市市民，用于种植花草、蔬菜、果树或经营家庭农艺，主要目的是让市民体验农业生产的甘苦，享受耕作的乐趣。与观光农园不同，市民农园是以休闲体验为主，而不是以生产经营为方向。

3. 农业公园

农业公园是指按照公园经营思想，把农业生产场所、农产品消费场所和休闲旅游场所结合为一体的公园。例如葡萄公园，它将葡萄园景观的观赏、葡萄的采摘、葡萄制品的品尝等，并与葡萄有关的品评、写作、绘画、摄影、体验、竞赛与庆典活动融为一体。这类公园在休闲旅游、度假、食宿、购物、会议、娱乐设施等方面比较完善，经营范围多种多样。除了果品、水稻、花卉、茶叶等专业性的农业公园外，其他多数是综合性的。园内一般规划有服务区、景观区、森林区、水果区等。面积因性质与功能而定，大多在 0.7～1 hm^2 之间，经营方式也多样。

4. 教育农园

既兼顾农业生产、农业普及教育，又兼顾园林和旅游的园区可称之为教育农园。其园内的植物类别、先进性、代表性及形态特征和造型特点不仅能给游园者以科技、科普知识教育，而且能展示科学技术就是生产力的实景；既能获得经济效益，又能陶冶人们的心情，也丰富了人们的业余文化生活，达到娱乐身心的目的。台湾的自然生态教室就是一个典型的教育农园。

5. 休闲农场

休闲农场是一种综合性的休闲农业区。农场内提供休闲活动内容一般包括田园景观赏、农业体验、童玩活动、自然生态解说、垂钓、野味品尝等。除了可观光、采集、体验农乐、了解农民生活、享受乡土情趣外，更重要的是可以住宿、度假，游乐。例如台湾的龙头休闲农场，它是一个高山农场，位于阿里山旅游区附近，场内分茶园区、自然景观区、竹林游乐区、游园区、滑草区、度假山庄。

6. 观光园留学

为培养青少年坚韧、朴实、健康、有正义感的人格，在假期把孩子送到观光园参与观光园作业、观光园活动等，就是所谓的“观光园留学”，观光园留学的目的即教育，同时也兼有休闲度假的成分。

7. 民俗观光村

选择具有地方或民族特色的山庄稍加修整，让游客充分享受农村浓郁的乡土风情和浓重的泥土气息，以及别具一格的民间文化和地方习俗。

8. 农业大观园

这是一种以农业景观为基础的综合性观光游览区。如福建省福州鼓岭将百果园、百竹园、百花园、百树园、“千亩”茶园与鼓山风景区、登山高尔夫球场等 20 多个风景点连在一起，构成一个综合性观光避暑游览地带。

9. 花卉植物园

汇集多种花卉、经济植物和观赏植物的品种，保存野生植物资源和珍稀濒危植物，引进国外重要植物种类、合理配置，结合林草等有优美景观的乡间布局，使之成为种质资源丰富、园林景观优美、具有观赏游览和科研科普教育功能的场所。

三、建立人才培养措施

重视科技推广工作，认识到科学技术“点石成金”的重要价值，把科学技术应用到生产中去，加速科技成果的转化应用。设立农业技术训练中心，长期培训农业技术人员，用科技提高农产品质量与数量。

与大专院校、科研所合作，建立利益共享、风险共担的利益机制。大专院校、科研所同观光园形成利益共同体，增强参与竞争和抗御风险的能力。

四、建立激励机制

强调“更好地使用人力资源”，它要求生产者要有一定的专业技术知识，建立农民资格证书制度，无资格证书者不得从事农业经营；只有掌握一定专业技术的工作人员才能获得从事观光园生产所需贷款及享受园区提供的优惠政策。

采取投资或者低利息融资方式，支持经济能力强的农户和团体运用先进生产设施，提高农产品质量和附加值，扩大生产规模及产业化生产。同时观光园还提供资助，帮助农业生产开发过程中的农产品消费宣传，促进消费。

重点投资，注重培养一批既懂技术又会经营管理、更善于搞好销售流通的复合型人才，以适应现代化农业发展的需要。

第七章 案例分析

案例一:北京大兴古桑森林公园

一、基本情况

北京大兴古桑森林公园是集观光采摘、生态体验、科普游戏、休闲娱乐为主的综合性农业观光科普园,是大兴区大力发展的生态旅游区,是国内目前唯一以桑旅游为特色、蕴涵桑历史和桑文化的城市森林公园的优秀品牌,是北京市2A级景区,由北京市农村工作委员会批准的北京市首批30个观光农业示范园之一,是北京市8家国家级森林公园之一。

1. 地理位置

大兴区位于北京南中轴延长线上,安定镇位于大兴区东南部。北京大兴古桑森林公园位于大兴区安定镇东部和长子营镇交界处,主要涉及高店、前野厂、后野厂、通马房、于家务五个行政村。北京大兴古桑森林公园距北京市区45 km,距黄村卫星城18 km,距河北省廊坊市20 km,自104国道安定段转庞采路可到达,交通十分便利(图7.1)。

2. 自然条件

大兴区古为皇城京畿,今为京南重地,背倚京城,面向渤海,自古为外埠进京通衢,是京津两大都会交通要冲,有“京南门户”之称。大兴自秦置县,定名于金,八百载国都京畿,史称“天下首邑”,今为北京郊区。

大兴全境属永定河冲积平原，地势平坦，有部分自然沙丘地貌，面积为 1039 km^2，海拔 13.4～52 m，人口 54 万，辖九镇、十八乡，共 526 个自然村，是首都重要的农副食品生产供应基地、高新技术产业基地和绿甜旅游基地。

大兴区内有永定河、新凤河、大龙河等河流 14 条。区域内属暖温带半湿润季风气候，四季分明，年平均气温为 11.6℃，年平均降水量 556.4 mm。地下水源充足，水质较好。

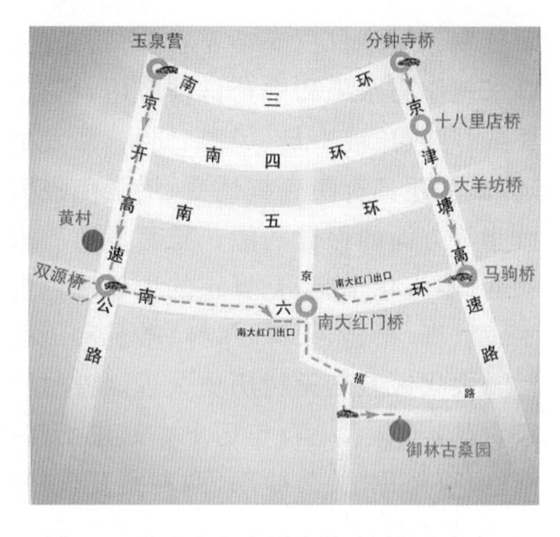

图 7.1　北京大兴古桑森林公园的地理位置

3. 悠久历史

安定镇有着上千年的种桑历史，被誉为桑葚之乡。相传自东汉年间已有种植，曾在这里留下了“桑葚窑洼救刘秀，感恩图报树封王”的千古佳话。园中的皇封树王胸径近 1 m，树冠直径约 25 m，年产桑葚 400～500 kg。目前，这棵老树已被市林业局列为二级古木保护树木。据大兴史志记载，明清时期所产白蜡皮桑葚更是作为皇家贡品出现在紫禁城内。

安定镇的御林古桑园最早形成于东汉时期，至清初面积最广，达 12000 余亩，分布于岔河两岸。

千百年来，中华民族对桑树情有独钟，利用桑树，发展丝绸产业，开通了路上和水上的丝绸之路，而以产果为目的的各类果桑品种，更是被誉为中华圣桑中的精灵树，并且具有相当高的药用价值。

4. 产品特色

桑树为桑科桑属落叶乔木或灌木。桑树耐旱、耐瘠薄，是防风固沙、改善生态环境的优选树种，某些桑树品种，如龙桑还极具观赏性。

桑树浑身是宝，历代有“东方神木”之称。桑叶可以养蚕、制茶和做饲料添加剂。桑树不生病虫害、不用剪枝打药，结出的果实——桑葚是真正的天然绿色食品，有利于人体健康，营养极为丰富，可以作为水果食用，也可以入药。桑树材质坚实、纹理美观、富有弹性，可用于建筑、雕刻和制作乐器、家具等。桑树的枝条可编筐篓，粉碎后可作为种植食用菌的基质。桑树的树皮可供造纸和编织。

桑葚营养极为丰富，含有丰富的葡萄糖、蔗糖、果糖、胡萝卜素、维生素（A 原、B_1、B_2、PP 及 C）、花青素、苹果酸、琥珀酸、酒石酸及矿物质钙、磷、铁、铜、锌等。据《本草纲目》记载，桑葚味甘、性寒，具有生津止渴、滋阴补血、补肝益肾、固精安胎、乌须黑发、聪耳明目、安神养心、润肠通便、健步履、利关节、去风湿、解酒等功效。自古以来就作为水果和中药材被应用,享有“果皇”之称。常用于医治糖尿病、肝肾阴虚、失眠耳鸣、津液不足、风湿、便秘、须发早白、神经衰弱等症状。此外,现代医学研究发现,桑葚还具有防癌抗诱变、增强免疫力、驻颜抗衰老、促进造血细胞生长、降低血糖血脂等方面的保健功能。桑葚成熟后水分充足,酸甜适口,口感特别好,桑葚果不洒农药、不施化学肥,是真正的天然绿色食品,可直接入口。桑葚除鲜食外,还可制成罐头、酒、膏、果酱、果冻、果汁、酸乳和提取桑葚红色素等。

大兴区栽培桑树历史久远,特产蜡皮桑葚属濒危珍稀树种,在明、清两代曾是皇家贡品,已有六七百年历史。蜡皮桑葚按果实颜色分为两种,一种为白色,另一种为紫红色(俗称“关公脸”),两种桑葚含糖量均高达20%以上。蜡皮桑葚成熟期早,5月20日左右即可上市,持续时间可达1个月左右,此时正是市场上水果淡季,可缓解市场水果短缺状况,是北方极为早熟的上等佳果。

目前,安定镇御林古桑园有百年以上的桑树近千株,又新植了果桑、乔桑、龙桑、垂桑等品种35000余株,共有桑树1000余亩。大兴区安定镇的土壤气候都非常适合桑树和桑葚的生长,所有的桑树都枝繁叶茂,成年桑树果实累累满枝头,成年大树株产桑葚可达150～250 kg,总产50余万kg。每年一度的桑葚采摘节,丰富了安定镇的农业观光旅游项目,也给农民带来了可观的经济效益。

二、现状概况

2002年安定镇开始建设大兴古桑森林公园,对果桑种质资源及旅游、观光产业进行开发。如今,大兴区安定镇古桑森林公园面向公众开放,早已不是皇家大内的御桑园。

1. 自然条件的利用

大兴古桑森林公园总面积1164.8 hm^2,地势平坦,有部分自然沙区地貌。区域内植物种类丰富,主要由次生林、片林及果园组成,分属93科472种。其中次生林及人工片林2810亩,桑树2000亩,梨园3100亩,桃树1400亩,其他品种2580亩,是距离北京城区最近、面积最大、保存最完好的、唯一的平原次生林地,素有“天然氧吧”之称。

大兴古桑森林公园林木覆盖率达82%以上,共有各种林木近70万株,其中桑树42万株,百年以上的古桑776株,树龄之长、面积之大,是目前在华北地区列首位、北京地区所独有的。

公园内栖息着布谷鸟、黄鹂、杜鹃、喜鹊、大雁、小燕、斑鸠、啄木鸟、麻雀、猫头鹰、乌鸦等大量鸟类,另外,还有野兔、刺猬、獾、狐狸、地羊、各种鼠类、鹰、蜥蜴、蟾蜍、北方蛇类等十几种野生动物在此栖息。

大兴古桑森林公园对涵养水源、保持水土、调节气候和维持生态平衡等方面均起到了非常重要的作用。

2. 相关产业的开发

大兴古桑森林公园具有丰富的景观资源、良好的生态环境、突出的区位优势和优越的开发条件，为开展森林生态旅游提供了绝佳的活动场所。

大兴古桑森林公园自 2003 年以来加大投资力度，对园区内软、硬件条件进行了规划建设。利用自有的平原、森林、古桑、果园、遗迹、阳光等多种温带森林自然景观的优势，将全园分为 8 大景区 22 个景点。

大兴古桑森林公园现已建设完成了占地面积 4000 m^2 的停车场，可同时容纳 170 人就餐的客服中心和酒吧，三个建筑总面积 180 m^2 的二星级标准公共厕所，全长 1700 m 的人工水系，四座各种结构景观桥和一个仿古凉亭，并且对园区内 3000 余米道路进行了强化和绿化美化，对园区内导示牌、电话、休息设施进行了补充，逐步形成为了集旅游、观光、采摘于一体的综合性园区。

大兴古桑森林公园中的综合接待服务区、森林农庄区、森林健身区、森林疗养度假区、果林风情体验区、森林科教休闲区、景观核心区、生态核心区也都陆续规划建设、投入使用。

大兴古桑森林公园在立足于观光采摘的同时，力求发扬桑土文化，开展蚕桑科普教育，向青少年展示我国五千年悠久的种桑养蚕历史，重温丝绸发源地的千秋史话。

大兴古桑森林公园的规划和建设，发展了当地的旅游产业、教育产业、康体产业、桑产业、林果产业，改变了当地的生产经营结构，改善了北京市大兴区的投资环境，促进了区域经济的健康发展和城市化进程，保护了生态资源和水资源，合理地开发利用了森林风景资源，改善了当地的生态环境，加快了首都生态环境的建设，为广大市民提供了桑葚采摘、踏青消暑的好去处。

三、规划布局

1. 规划理念

以高标准的园内基础设施、高规范的科普展示项目、高水平的生态环境营造以及各具特色的园林景观小品、极具风味的果品采摘游乐活动吸引大量游客。将生态、休闲、科普有机地结合在一起，形成“可览、可游、可居”的环境景观，构筑出“城市—郊区—乡间—田野”的空间休闲系统框架，形成“观光、体验、参与、休闲”的特色。并且，通过对森林旅游业的开发，带动当地体育休闲产业、青少年科普教育及交通、商业等相关产业的发展，提供大量就业机会，提高农民综合素质和生活水平，达到生态、经济、社会三效合一。

2. 规划原则

(1)进一步突出森林公园的性质,加强现有林地资源保护,防止过度人工化和城市化。

(2)注意对水资源的保护,减少对水资源的过度利用。

(3)注意控制建筑规模和体量,建筑风格力求和谐统一、朴素大方,符合国家森林公园的特征。

(4)道路交通系统进一步明晰化,要明确机动车、自行车和步行道路系统。

(5)进一步加强与社区的融合与协调发展。

3. 规划目标

使游人寓情于景,情景交融,返璞归真,怡然自得;使游人"望之生情,览之动色";使游人体验与城市生活完全不同的乡野之趣、田园之乐;使游人呼吸清新的空气,感受宁静的气氛、淳朴的民风、生机盎然的花鸟林草,品尝到新鲜的瓜果蔬菜,亲自收获枝头的鲜果。

满足游人对生活自然之美的享受和体验,满足游人追求美的心理需求和观赏需求,满足游人增长果树科普知识的要求。

4. 规划构思

和谐发展,天人共荣,创建京南桑文化的生态摇篮。

整个森林公园以次生林、古桑、果园为主体;以生态系统的保护、恢复、完善、提高为生态发展主题;以体育休闲、康体健身、旅游度假为项目发展主题。

因地制宜,对次生林全面规划,以抚育为主,抚育、改造、利用相结合,使其尽快成为重要的后备森林资源。

科学规划,合理开发,丰富森林公园生态系统及生物多样性,进一步提高园区森林资源质量,起到调节气候、保持水土、防风固沙、涵养水源、美化环境的"城市肺叶"功能。

5. 总体布局

园区功能布局与产业布局相结合,充分考虑游客观光休闲的要求,确定功能区,完成园区功能布局。

总体布局:一环一心,八大景区。

森林公园总体布局采取一环一心的围合式布局模式,全园共分八大景区,其中综合服务接待区、桑文化景观区、森林农庄区、森林健身区、森林疗养度假区、果林风情体验区、森林科教休闲区分布在外围成一环,森林中心区在全园中心分为景观核心区和生态核心区两部分。

6. 规划的特征

特性	要求
生态性	人工环境与自然环境相融合 满足人的活动需求，增强采摘园开发的生态效益和可持续性
科普性	普及果品知识，果园观光与科普知识教育相结合
社会性	提升果园及周边的环境品质，满足人们休闲娱乐的需求 把人们从繁忙的社会生活中解脱出来
文化性	挖掘果品的文化内涵，赋予观光采摘园独特的文化品格
多样性	注重环境多样性的保护和景观多样性的开发

7. 生态保护的要求

大兴古桑森林公园的沙丘次生林，地处古浑河冲积平原，土壤系潮土类面沙土，历史上因交通不便，使次生林保持了最原始的丘陵地貌，具有极高的保护和研究价值。林内植被丛生，沙丘起伏，连绵达 8000 亩。

次生林林木资源非常丰富，是个绿色植物宝库。木本植物有扬、柳、槐、榆、椿、松、泡桐等众多树种；草本植物有马唐、狗尾草、狼尾草、白蒿、稻草、荠菜、拉拉秧、野苏子等。有百年古树，还有人工搭配栽植的上百种乔灌花木及桃、梨、杏、李子、枣等果林，郁郁葱葱，千姿百态，悠然自得。

从森林保育方面，将全园规划出古桑林、梨树林、沙丘次生林三个区域，形成生态保护区。不仅可以有效防风固沙，防止水土流失，改善生态环境，而且有利于荒漠生态系统物种的保护和发展，扩大种群规模，促进优良物种的开发利用。

四、景区设计

以大自然为舞台，以传统文化为内涵，以观光、采摘、求知、休闲为载体，因地制宜，适地适树，依托乡土树种和当地材料创造出简洁、质朴、美观的园林景观，营造成具有自然性、文化性、独特性、参与性和持续性的现代化综合观光农业园区，使之成为人们回归自然、观光采摘、休闲度假、野营探险、消夏避暑、科普游戏的理想场所(图 7.2)。

坚持保护第一，以森林生态保护为根本，以生态环境保护为前提，着意恢复近自然生态森林景观。

突出园区贴近自然的特色，遵从中国传统的“天人合一”思想。保持区域内山清水秀、空气清新的自然环境；保持朴素自然的乡间气息；保持“农”味、“野”味、“乡土”味。注重与周围自然景观的协调，注重与地形、地貌结合，在保护自然景观的前提下，进一步强调自然景观，做到“虽由人造，宛自天开”。

图 7.2 大兴古桑森林公园总平面图

不盲目追求规整的几何构图，不盲目建设大规模的人工设施，不盲目规划死板统一的道路系统，不盲目改造整齐划一的水岸，尽量利用自然湖岸、水面。避免直线式、僵硬的边缘线和几何型的块状、带状分布。

与悠久的历史文化相结合，挖掘和丰富本地特有的文化内涵，营造浓郁的文化氛围，在继承民族文化的基础上发展创新，个性鲜明，主题明确，富有生命力。提高文化品位，营造独特的消费气氛，使游客满心欢喜地观光旅游，休闲度假。

利用地形多变、溪流交错、森林茂密、景色秀丽、环境优良、气候舒适的良好条件，根据森林公园现状、性质和风景资源分布的特点，合理布局，丰富植物景观群落，强调果园仍以生产功能为主的同时，使其观赏效果、景观特性大大加强。使游客获得身心健康、增长知识的同时，又能增强采摘者热爱自然、保护环境的意识。

园区内设置适当数量的园林景观设施，如座椅、园灯、喷泉、游廊等，方便游人，美化园区的整体环境，提高园区的整体形象。投资及占地不大，效果非常显著。

园区内餐厅、茶室、公用电话、园椅、公共卫生间等游览服务设施齐备，雕塑、喷泉、座椅、灯具等景观设施布置适当。游人在游览采摘以外，还可以在园中逗留，以方便游人的看、玩、购、吃、住、行，进行其他休闲消费，项目功能齐全，极具特色与吸引力，并能从服务项目中得到收益，从而提高观光农业园的综合经营效益。

注意生态环境的保护，整个公园用水，除饮用等必要水外，都采用中水。

1. 综合服务接待区

以中国生态论坛为主题，以会议度假为主要功能。具体项目内容包括高级商务会议、生态展览、酒店、休闲度假、休闲健身、旅游等，并提供多种休闲体育运动场地，以满足多样需求，并在规划布局、建筑设计和景观环境配置等各方面引入高科技手段，凸显生态主题。

论坛区在整个公园中属于开发强度较高的区域，容积率依次由中心生态广场、主题建筑、绿化缓冲带到密林区逐层降低强度，与周边生态环境形成良好的生态衔接关系。

论坛区服务面拓展至全面范围，承担弘扬生态文化，推广生态高新技术、普及教育生态知识的提升功能，使大兴古桑森林公园成为面向社会的生态文化中心，从而实现经济与社会效益的双赢。

(1)入口　入口承担着交通枢纽、安全防护、门面形象的作用，其设计与整个园区的主题思想协调统一。

线条灵活、极具气势的大门，金属与石材配合的材质，体现了大兴古桑森林公园的现代性、科普性与综合性(图 7.3、图 7.4)。

图 7.3　入口广场示意图

图 7.4　入口鸟瞰图

设置占地面积 4000 m^2 的公共停车场,游客全部换乘电瓶车,或租用自行车,或步行进入森林公园,对自然环境的生态保护起到了非常重要的作用。

(2)中心生态广场　以生态保护为主题,包括有温室、生态展览、生态展示塔、太阳热量计、雨水收集池等(图 7.5)。

图 7.5　广场生态分析图

(3)游客接待中心　弧形主题建筑与森林公园入口遥相呼应,形成环抱态势,强化论坛区整体氛围,广场生态塔作为竖向制高点与观光主路形成良好的对景。

(4)度假别墅区　低能耗别墅的屋顶设置有太阳能光板,并且可以兼做收集雨水,收集后的雨水导入集水池,集水池位于生态花园中心,可以作为生态花园的中心水池。

沿水池岸边设置木栈道,栈道均用木龙骨架高,使地表破坏量达到最低限度,而且小型动物也可以从下面穿行。

(5)活水园　综合服务接待区内景观建设集中,使用人群稠密,污水量大。设置污水处理中心，利用各种设施、设备和工艺技术，集中处理污水，使污水得到净化，保护环境不受污染。再生水用于景观补给用水、绿化喷洒用水、灌溉用水等方面，充分利用水资源，改善生态环境及水环境。

(6)树阵大道　在综合服务接待区通往森林中心区的道路两侧，采用不同树种设置树阵，形成树阵大道，保持森林公园的整体协调性，营造自然、安静的通行环境，并且保护与树阵大道两侧相邻的景区不受干扰。

2. 桑文化景观区

以保护古桑园、展示桑种类资源、展示桑产业开发、进行桑文化教育为主题，以观光采摘、发扬桑土文化、开展蚕桑科普教育、向青少年展示我国五千年悠久的种桑养蚕历史、重温丝绸发源地的千秋史话为主要功能。桑文化轴线由历史—自然—人文—商业—游乐序列有机构成。具体项目内容包括古桑保护区参观、刘秀村桑遗址游览、桑葚文化节活动、特色桑业街购物、桑品种展示、桑加工展示、桑产业基地参观等，并提供采摘园，满足游客的需求，建筑设计和景观环境配置凸显历史文化主题。

(1)入口　入口有标志性置石，简洁、古朴、自然、环保。

(2)桑科研苗圃区　以桑树研究与保护为主题，包括有桑树研究开发中心、桑产业基地、现有桑林区、绿化桑林区、观察站。

(3)桑文化展示区　以桑文化展示为主题，包括有桑加工展示中心、桑品种展示、桑文化节广场、特色桑业街、桑生态点、刘秀村桑遗址、古桑保护区、酒店及配套服务区、游乐休闲绿岛、果桑林区。

原有村庄在保留改善的前提下，实现产业转型，结合“桑”文化主题一条街，为桑林维育、主题商业、餐饮、酒店提供综合服务支持。

主要景观有桑文化长廊、桑台邀月、万象桑海、御林思踪、文叔谢圣、桑濮怡情、鱼跃濮涧、蔓津石丈、把酒桑麻、丝路花语等。

桑蚕馆陈列反映当地种植桑树的历史与现状的图片，养蚕收丝的历史与现状、工具、工艺技术的资料或图片，增加青少年对桑蚕的认识与兴趣，增加游客对当地农业生产历史的了解。

3. 森林农庄区

以当地农村文化历史为主题，以休闲娱乐为主要功能，具体项目内容包括特色村庄游览、特色农家节庆活动、农家休闲娱乐等，并提供多种农村游戏活动，以满足不同的需求。原有村庄以保持原貌为原则，略做简单修饰，完善使用功能，凸显农村文化主题。

(1)赤鲁村农家乐　赤鲁村坐落于古桑森林公园的东北部，有农户 200 家，人口 600 人。背倚国家级森林公园的万亩次生林。

(2)休闲农家庄园　规划巧妙,园内鸟语花香,绿意盎然,碧水环绕,农家院朴素整洁。

4. 森林健身区

以健身为主题,以休闲运动为主要功能,具体项目内容包括康体健身、球类休闲、极限探险、传统体育活动体验等。主体建筑设计和景观环境配比合理,凸显运动健身主题。

(1)康体健身中心　建设康体健身中心主体建筑,并且在主体建筑内部设置各种时尚的健身娱乐场馆,如健身馆、羽毛球馆、台球馆、保龄球馆、壁球馆、沙狐球馆、冰壶球馆、室内游泳馆等,并且配置精良的运动设施,提供无微不至的服务,为喜爱时尚健身运动的游客创造良好的运动环境。

(2)球类休闲区　利用公园内良好的自然环境,设置各种球类场地和设施,如足球场、排球场、篮球场等,为喜爱露天进行体育运动的游客创造优美的运动环境。利用林木进行场地间的分隔,保持了各个场地内不受打扰,又能够融于自然环境当中,让游客可以享受到充沛的阳光和清新的空气。

(3)极限探险区　设置极限运动场地,项目包括有极限滑板、极限轮滑、特级单车、极限攀爬等,与周边优美的自然景观结合在一起,满足游客冒险性、新奇性和观赏性的要求,达到游客追求自我、挑战自我的目的。

依托于原生态保持良好的野外环境,组织项目丰富的拓展活动。环境静谧,景色优美,植物、动物都充满灵动气息,新奇有趣蕴涵在一切未知的变化中,且不会受到人为干扰。项目以野外生存体验为主,挑战自我,挖掘潜能,凝聚团队,提高团队综合能力,注重与大自然的和谐共存(图 7.6)。

图 7.6　野战训练

(4)传统体育活动区　邻近村庄,文化影响显著,经常开展多种多样的传统体育活动,如跳绳、踢毽子、跳皮筋、滚铁环、抖空竹、板羽球、打陀螺、掷飞盘等,既能锻炼身体，又能很好地传承中国古老的体育文化。

5. 森林疗养度假区

以自然和谐为主题，以休闲度假为主要功能，达到花色艳丽、月色皎洁、幽谷清逸、碧湖恬静的环境效果，颇有逍遥赛神仙的韵味。具体项目内容包括休闲、度假、健身、疗养等，以满足休闲娱乐、回归自然的需求，并在规划布局、建筑设计和景观环境配置等各方面引入传统景观设计的理念，凸显自由自然的主题（图 7.7）。

图 7.7　森林疗养度假区鸟瞰图

（1）落英湖　水面为景区设计中心，水面被园路和园桥分割成不规则的区域，岸边和湖心设置了精巧的景观小品，如小亭、景观灯、座椅等，增加了环境的美感。

（2）会仙馆　度假会所，森林疗养度假区的主体建筑，在落英湖岸边。采用简约明快的风格，利用先进科学理念和高科技材料，降低建筑的能耗。

（3）觅仙桥　园桥蜿蜒曲折，跨过湖面，通向密林深处，幽远深长，可以到达园区内各个角落。

（4）仙踪林　分布于落英湖岸边，林木茂密，环境优雅。

（5）高尔夫练习场　环境优美，气候宜人，远离污染源；丘陵地带的开阔缓坡地和水面等自然特征可以作为球场的天然屏障，满足对地形的要求；理想的砂质土壤，保证了高质量草皮的生长；水源充足，水质符合无污染和低矿化度的要求，满足大面积草坪养护的要求；设置在公园内，不占用农耕土地。

利用当地自然环境的优势建造高尔夫练习场,成为高尔夫练习者的乐园,使游客充分享受阳光、绿色和氧气,与自然、健康无限贴近,丰富了锻炼方式,扩展了生活方式和交友平台。

6. 果林风情体验区

以生态保护为主题,以参观游览为主要功能,具体项目内容包括梨林风光游览、海棠景色观赏、农稼风光参观等。保留原有果树林和农作物,在空地新增一定数量的优良品种,丰富果林景观;蜿蜒溪流贯穿果园,分外亲切、宁静、曲线优美,凸显生态主题。

四季林相变幻奇特。春天,桃李吐红,百花争妍;盛夏,乔灌葱郁,清爽宜人;深秋,有的落叶飘飘,有的硕果压满枝头;隆冬,银装素裹,分外耀眼。

(1)梨林春秋　以梨树为主题,观赏期在春秋季节,春季观花,秋季赏果,大面积的梨树林营造出花海的温馨、梨果的香甜。

(2)梨花伴月　以梨花为主题,观赏期在春季,每到梨花盛开时节,朵朵梨花如飘落在树上的雪片,在湛蓝的天空下,格外耀眼。

(3)海棠春坞　以海棠为主题,观赏期在春季,海棠花姿潇洒,花开似锦,自古以来是雅俗共赏的名花,为著名的观赏花木,素有“花中神仙”“花贵妃”“花尊贵”之称,与玉兰、牡丹、桂花配植后,形成玉棠富贵的意境。

(4)农稼长乐　以农稼为主题,观赏期在春夏秋季,春夏一片绿意盎然,生机勃发;秋季则是金黄璀璨,收获满满,使游客感受到春华秋实的喜悦。

7. 森林科教休闲区

以生态保护为主题,以休闲娱乐为主要功能,具体项目内容包括树木花卉参观、森林野营活动等。保护原有林木树种,并合理开发野外运动场地,以满足多样需求,凸显生态主题。

(1)树木花卉园　以公园中丰富的自然林木和花草资源为根本,展现赤橙黄绿交相辉映、五彩缤纷的美丽景象。

(2)森林野营地　地势平坦开阔,排水良好,阳光照射充足,靠近水源,环境幽静,空气洁净,理想的坚实砂土,没有蛇虫及有毒(刺)植物之侵扰等当地的优良自然条件,适合作为野营地,是暂时远离都市或稠密人口的好地方,享受大自然的野趣及生态环境提供的保健功能,与自然亲近,欣赏优美的自然风光。

8. 森林中心区

以生态为主题,以景观游览为主要功能,森林中心区在全园中心,并且分为景观核心区和生态核心区,凸显生态主题。

(1)景观核心区　以湖面为中心,布置景观小品,配以景观灯,达到桑海汇芳的效果(图 7.8)。

图 7.8　景观核心区夜景效果图

(2)生态核心区　占总面积的 80%以上,划分为三个生态旅游观光区,即沙地次生林风景区、御林古桑生态区、休闲观光采摘区。人工经济林环抱次生林,林内小径曲折悠长,形成了以古树、植被、沙丘、小动物为主体的自然景观,真是花的海洋,绿的天堂,美的仙境。

五、观光旅游

大兴古桑森林公园四季都有不同的景色,春季鸟语花香,夏季绿树成荫,秋季霜叶多彩,冬季银装素裹,时时景不同,处处景相异。园内空气清新,环境幽雅,文化底蕴深厚,各种休闲娱乐设施齐备,可以满足不同游客的旅游观光休闲需要,丰富都市居民休闲娱乐内容。游客在这里可以呼吸到城里享受不到的新鲜空气,满足人们欣赏自然、崇尚自然和回归自然的心理需求,满足人们参与其中、融汇其中的心理需求,缓解繁忙的城市生活带来的紧张感和压迫感,旅游项目极具特色,非常有吸引力。

以旅游市场需求为导向,以农业科技和农耕文化为重点,把农业种植、农艺景观、新农村建设和观光、休闲、度假、娱乐融为一体,与首都的旅游景点相配合,成为城市居民丰富农业知识、体验农业生产劳动和农家生活、享用农业成果以及休闲健身的场所。大兴古桑森林公园以各种完善的果园生产基础设施以及每个环节较高的科技含量,达到经济效益、生态效益和社会效益的完美结合。

1. 主题旅游产品

项目	内容	目标市场
观光采摘	利用独特的果品资源优势开展果品采摘,展现园林式的果园风光	城镇居民
桑文化展示	利用优质果品资源基地开展科技观光,展示现代化的种植栽培养殖技术	青年学生
桑葚文化节	利用独特的果品资源优势开展多种活动,吸引不同人群	城镇居民、投资商、分销商
民俗体验	利用农村特色地域文化和民俗习惯满足住农家旅舍、吃农家饭、游农村活动的需求	外国游客、城市家庭
会议考察	利用完善的基础设施承办各种会议	专家学者、各种会议
休闲度假	利用优美的生态环境、生态度假别墅,运动设施满足享受大自然、放松疲惫身心的需求	外企员工、时尚青年
生态体验	利用优美的自然生态环境满足渴望回归自然、融于自然的需求	城镇居民、青年学生
购物	利用独特的果品资源优势,吸引游客慕名而来购买精品果、果加工品、果木制品、果树盆景	水果爱好者、园艺爱好者

2. 观光采摘

利用大兴古桑森林公园的农业自然环境、田园景观、农业经营活动、农耕文化等资源,为城市游客提供了观光采摘、体验农业劳作的旅游项目(图 7.9)。主要采摘果品为桑葚。为了满足旅游市场的需求,2003 年和 2004 年古桑园分别通过了安全食品认证、有机食品认证与旅游局的旅游定点企业核查。

图 7.9 采摘桑葚

3. 桑文化展示

展示我国几千年种桑养蚕的悠久历史，为少年儿童增加一些与农业生产有关的特色游乐项目，让他们有吃有玩，在轻松愉快的气氛中学习农业知识，达到寓教于乐的目的。

4. 安定镇桑葚文化节

安定镇从2001年开始，每年的5月下旬至6月中旬，在大兴古桑森林公园的御林古桑园举办每年一度的桑葚文化节，通过开展文化交流、招商引资、旅游观光和特色采摘等活动，推出安定古桑国家森林公园自然生态的旅游形象，推广建设良性健康的循环经济，打造可持续发展的中心建制镇，展示安定的桑产业，塑造安定绿色健康的品牌形象。

文化节是一个既有特色文化内涵，又能吸引市场凝聚力的经典民俗文化节日。文化节以古桑园、次生林原生态风貌为依托，以淳朴热情集人气、特色文化树形象、积极发展商机为理念，以展示桑土文化、突出文化氛围、建设文明新农村为主题。文化节的宗旨是“师法自然，返璞归真”，以桑葚为媒，聚天下朋友，宣传文明安定，发展特色经济。

安定镇桑葚文化节的主要活动包括有：“农家汉”拔河比赛，农家“夫妻乐”吃桑葚品汁趣味比赛，“农嫂”秧歌调演，新农村成果展示，青少年户外拓展项目比赛，森林长跑比赛，桑产业研讨会，外国友人和新闻界朋友游园联谊活动等。

5. 民俗体验

利用乡村民俗文化、民族风俗、民俗生活、民间工艺、文物古迹、节庆活动、稳定足够的绿色粮食和蔬菜水果等资源，为城市游客提供观光、欣赏、休闲、体验、增长知识的旅游项目。充分挖掘地方传统文化，配置成民俗表演项目，使民俗村具有自己的特色和持续发展力。

赤鲁村以秀松农家院为代表。秀松农家院又称野战餐厅，经营各式烧烤、柴锅炖、特色农家饭等，服务优质、享受超值。娱乐项目有篝火、鞭炮、棋牌、森林观光、应季果品采摘等。周边自然环境优越，非常适宜采摘、野外拓展、摩托车竞技等活动，让游客体验到返璞归真、回归自然的至真境界。

由“轿车”“走马灯”“哑背风”等传统的民间艺术形式改编加工而成的花轿会是赤鲁村的传统民俗活动，表现了民间迎娶婚嫁、喜庆吉日、热烈欢快的民俗风情，生旦净丑样样齐全，脸谱各异，声形并茂，栩栩如生，几可乱真。

6. 休闲度假

利用优美的自然环境、新鲜的空气、丰富的绿色食品、舒适的居住条件、高质量的服务水平,为城市游客提供休闲、娱乐、食宿、度假的旅游项目。依托自然景观、森林景观、观光采摘、民俗旅游,以完善的度假村设施,丰富的娱乐项目,让游客吃好、住好、休闲好。

7. 生态体验

利用自然景观、自然资源、生态环境、森林草地等条件,为城市游客提供自然游、生态游项目,使游客感受森林公园自然景观的优美,绿色的森林、静谧的湖水、灿烂的花卉、丰富的动植物资源,自然风光迤逦、古今文化深邃、自然生态环境优越,让游客走近大自然、感悟大自然、亲近大自然、回归大自然,使游客在大自然中领略“文明、环保、健康”的美丽与奥妙,让游客受到潜移默化的生态教育,增强环境意识。

六、结语

走进大兴区,绿浪翻滚的森林、叠翠有致的果园、任凭千年风吹雨打依旧绿意婆娑的古桑园、现代化的生态庄园、错落有致的村舍,组成了一幅幅都市田园的精美画卷。历史文化、现代文化沿着“龙脉”在这里传承与延伸,深厚的文化底蕴、古老的历史传说、质朴的风土人情使大兴具有独特的文化气息。

大兴区充分挖掘了历史文化内涵与积淀,突出资源优势和特色,把农业与旅游结合在一起,丰富内容,规划设计园林景观,配置休闲、娱乐、健身设施,建设完善了大兴古桑森林公园,吸引游客前来观赏、品尝、休闲、度假、购物、体验。满足城市居民回归大自然、向往休闲而恬静的田园生活、寻找绿色空间和清新的娱乐场所、在紧张工作之后获得缓解和放松的要求。唤醒和提高人们的审美意识和水平,唤醒游人的科普教育、科技引导、生态保护意识,形成新型的农业生产经营形态。

大兴古桑森林公园处在平原观光农业带上,是连接大兴区“绿海田园”休闲旅游带的中间枢纽与重要组成部分,是安定镇农业观光旅游业的龙头。公园扩大了人类的生存空间,为人类的生存和需求创造了更好的、更易适应的环境条件。

大兴古桑森林公园属于综合观光型观光休闲农业园,在园区内设置了多种项目,具有观光、采摘、体验、学习等特点,兼备了农业观光采摘、农业生态、农业科技展示等多种功能。

大兴古桑森林公园的农业观光采摘功能:利用开放成熟期的果园、花圃等,供游客入园观景、赏花、摘果,从中体验自摘、自食、自取的果农生活,享受田园风光。

大兴古桑森林公园的生态功能:森林区环境优美、空气洁净,注重人文资源和历史资源的开发,吸引城镇居民体验回归大自然的情趣,并且进行休闲、度假、会议、避暑疗养等健身活动。

大兴古桑森林公园的农业科技展示功能：园内的植物类别、代表性及形态特征等，给游客以科技、科普知识教育，使游客陶冶性情，丰富业余文化生活。

大兴古桑森林公园的设计以人为本，充分体现了人与自然的和谐，保护了自然生态景观，总体布局因地制宜，突出观光农业的特点，景中有景，富于诗情画意，具有现代农业特色的园林意境。

大兴古桑森林公园将生态农业、园林绿化与生态旅游很自然地结合了起来，形成了具有特色的观光休闲农业园，符合21世纪生态园林绿化发展的方向，属于新的园林形式，可以改善生存和生态环境，保护我们赖以生存的地球。

大兴古桑森林公园正展示着它独有的魅力，吸引着成千上万的游客。

案例二：北京朝阳世界农庄生态园景观规划设计

一、基本概况

朝阳区处于奥运公园与CBD中央商务区核心位置，朝阳区紧抓住奥运和CBD建设契机，深度开发奥运旅游市场，树立朝阳区时尚，现代化国际城市的旅游新形象。本项目是朝阳区独特人文特色和总体定位的延伸，也是朝阳区打造国际化市区大文化概念的补充。项目符合金盏乡总体发展概念和规划——即依托地区特色，培育旅游市场，依据开发特色经济，发展生态型旅游乡，以水和绿为特色，形成三带四区的旅游发展格局(图7.10)。

本项目以“生态环保”为主题，附之以生态园以及农、林、渔、花卉种养殖等为一体的综合性生态园。实际是生态型的农业旅游，这种类型的旅游是属于中国农业旅游发展的第三代产品。中国目前旅游正由第一阶段的“农家乐型”和第二阶段“农业娱乐型”向第三阶段的“乡村度假型”发展，即将观光、度假、娱乐、参与体验等与旅游活动有机结合起来，以到乡村为度假主要目的。

本项目创意立足本地块自然优势，依据北京及朝阳区国际化城市及市区定位，在金盏乡政府全盘统筹下，利用优势，消除威胁隐患，在国内外大的区域战略思想指导下，高瞻远瞩，集思广益，以大胆识、大思路、大智慧、大手笔达到高起点、高标准、高品位、高效益，实施精品名牌战略，领先国内，领先北京市场水平，精打细做，隆重推出不同凡响、令人耳目一新的“新、奇、特”旅游度假产品。

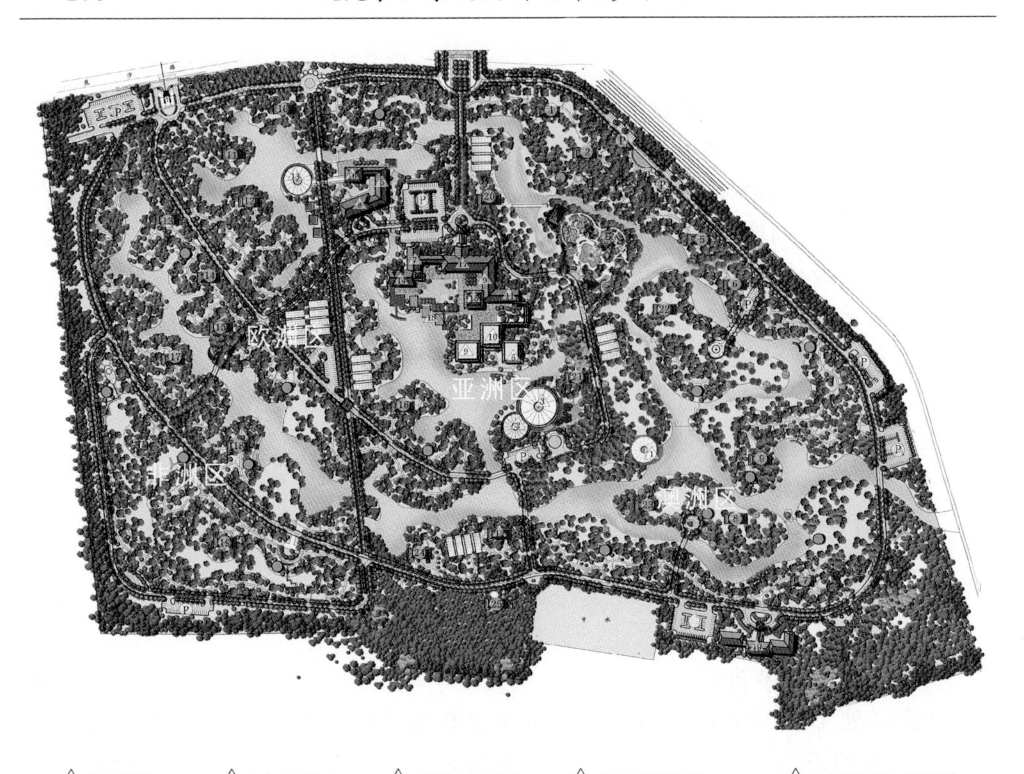

△1 温室垂钓园　△2 室内温室植物园　△3 高科技农业采摘园　△4 25个国家风情农场　△5 人类农业文明全景展览厅
△6 生态园管理中心及高科技农业研究所　△7 特色农业购物中心　△8 农作物观赏艺术作坊展示厅　△9 渔家宴会厅
△10 特色农业生态餐厅　△11 德国农业自酿酒吧、云南无公害自采茶道馆　△12 中药培植园　△13 水上人家休闲吧
△14 大自然温泉水疗中心　△15 生态养生所　△16 农耕道馆　△17 现代高科技农业培训中心及多媒体交流中心
△18 医疗中心　△19 仓库、员工宿舍

① 加拿大北美农场　② 美国总统牧场　③ 墨西哥草帽农场　④ 古巴雪茄屋　⑤ 秘鲁山庄
⑥ 阿根廷印第安村落　⑦ 澳洲土著村　⑧ 新西兰奥克兰农庄　⑨ 荷兰花乡　⑩ 瑞典猎渔岛
⑪ 丹麦安徒生庄园　⑫ 英国呼啸山庄　⑬ 俄罗斯集体农庄　⑭ 法国玫瑰园浪漫之都　⑮ 西班牙牛栏
⑯ 意大利西西里村庄　⑰ 沙特阿拉伯风情农庄　⑱ 以色列高科技农业村　⑲ 南非好望角山庄　⑳ 中国神农帝农耕园
㉑ 泰国庙宇农业村落　㉒ 韩国济州民俗村及朝鲜摘苹果的时候　㉓ 日本樱花园　㉔ 印尼渔民岛
㉕ 印度加尔各答农庄　Ⓟ 停车场

图 7.10　北京市朝阳区世界农庄生态园景观平面图

二、规划原则

1. 生态原则

强调设计遵从自然,即自然的空间格局,自然的生态过程,最少的牺牲自然特色。在最基本地满足游憩、体验需要的基础上,提倡尊重自然、保护自然、服务自然、享受自然的环境保护意识,倡导尊重自然的游憩体验方式和感悟自然的心理品质。在自

然面前,心存感激、有限索取,从而超越传统“观赏环境”走上“侍奉环境”的新方向,因此,强调景观生态背景下的规划设计,强调环境物种之间的生态关系与“景观空间格局的生态化”。

2. 和谐性原则

提倡设计在每块区域文化主题定位下,提倡人与自然相和谐,建筑与景观环境相协调,各种活动方式与主题定位相一致。各区块内部风格整体协调,风格特征明显,突出。

3. 经济性原则

尽量利用本地资源材料,人力物力,优化合理地进行规划和景观设计。

4. 文化性原则

最大地尊重和遵循原国家地区的农庄自然环境和人文景观的情况下进行再创造。

5. 科技性原则

借助科技的手段和先进的设备,创造异国农庄风情、本土体验的新概念和全新的景观特色。

6. 国际化原则

按照国际化标准提供生态环保、观光体验异国农庄自然与人文景观及协调风格的服务、娱乐、配套标准设施。

7. 现代化原则

体现时代特征,构思新颖的现代建筑环境设施和现代开发模式。

三、设计依据

(1)依据金盏乡政府所做的“金盏乡区域旅游发展总体规划”。

(2)依据朝阳区“旅游发展总体规划”旅游战略新思路。

(3)国内外及北京周边同类旅游产品市场的调研、分析。

(4)建设方及政府规划,旅游主管部门的倾向性意见、开发意向,前期资金投入和运作模式,后期管理方法。

(5)已批准的区域营地用地红线范围图。

(6)世界旅游发展新趋势——以体验、休闲度假、生态旅游为主的新旅游发展趋势。

(7)世界各国农庄建筑、景观形式、类型、模式及目前开展的旅游活动。

四、景观规划构思

(1)从生态景观规划角度根据各个国家农庄景观形态、经营方式特点,结合地块划分各个国家农庄区域:如将太阳能、风力(风车)发电、温泉、湿地池塘及各种农林渔农业、经济作物、植物花卉,结合各个国家特征融入各个农庄,如风车发电放置德国、温泉放置日本、葡萄园放置法国、水稻放置韩国、小型牧场放置澳大利亚等等。

(2)依据各个农庄现有居住、经营开展的活动、生活生产方式,利用生态原则规划出交通线路、生活和经营性活动的动静分离区。

(3)依据各个国家农庄特征进行建筑,园林景观、艺术装置整体风格统一设计,其中包括:度假住宅、小花园。

(4)对生长期要求较高的树木、植物,依据适宜性季节统筹提前进行移植、栽种。

(5)依据生态旅游的发展政策——环境政策、经济技术政策、社会政策,制定景观的生态规划原则和经管设计方案。

五、景观规划设计

(1)以湖泊纵横、池塘湿地、树木植物、花卉园艺、岛屿桥梁为代表充满乡村田园风光的自然风景视觉廊道。

(2)展现世界各国农庄民俗风情,如建筑、园艺、农艺、服饰、节日活动为代表的人文景观视觉廊道。

(3)生态农庄经济、种植、养殖、作坊、旅游工艺品等具有各国农庄鲜明的自然与人文形象特色的洋农庄。

(4)以参与和体验世界各个国家民族风俗文化、手工技艺、烹饪美食、歌舞节目为主的异域乡村农庄文化之旅。

(5)打造北京,乃至中国第一个以展现世界各国农庄经济和农庄文化为背景和内容的具有全新生态理念的休闲、度假、疗养、娱乐综合旅游度假村。

(6)成为北京生态环保型、节省能源型、保护土地资源型、再生循环型的科技示范和生态保护的样板,成为确保旅游资源的可持续利用,将生态环境保护与公众教育同促进地方经济社会发展有机结合的旅游度假品牌项目。

(7)与相应国的农庄结成友好关系,发展文化交流,定期邀请上述国农庄人员来园区开展活动,现场表演,开展制作农艺、园艺、手工艺、美食制作等相关活动。成为各国农庄文化交流的场地。

(8)打造不出国门也可游览世界农庄,领略自然风光和民俗文化风格的新旅游方式，满足大多数经济条件有限的国人在国内也能感受异域风光与文化风格的愿望。

(9)满足旅游、观光、度假人群的服务设施配套。

六、园区总体规划布局

全园分为：欧洲、澳洲、亚洲、非洲四个区域。济洲村(韩国)、巴格利亚农庄(德国)、拖斯卡纳农庄(意大利)、普罗旺斯农庄(法国)、羊角村(荷兰)、富士村(日本)、黄村(俄国)共七个村。

案例三：北京灵溪观光农业科技示范园

一、灵溪观光农业科技示范园园区概况

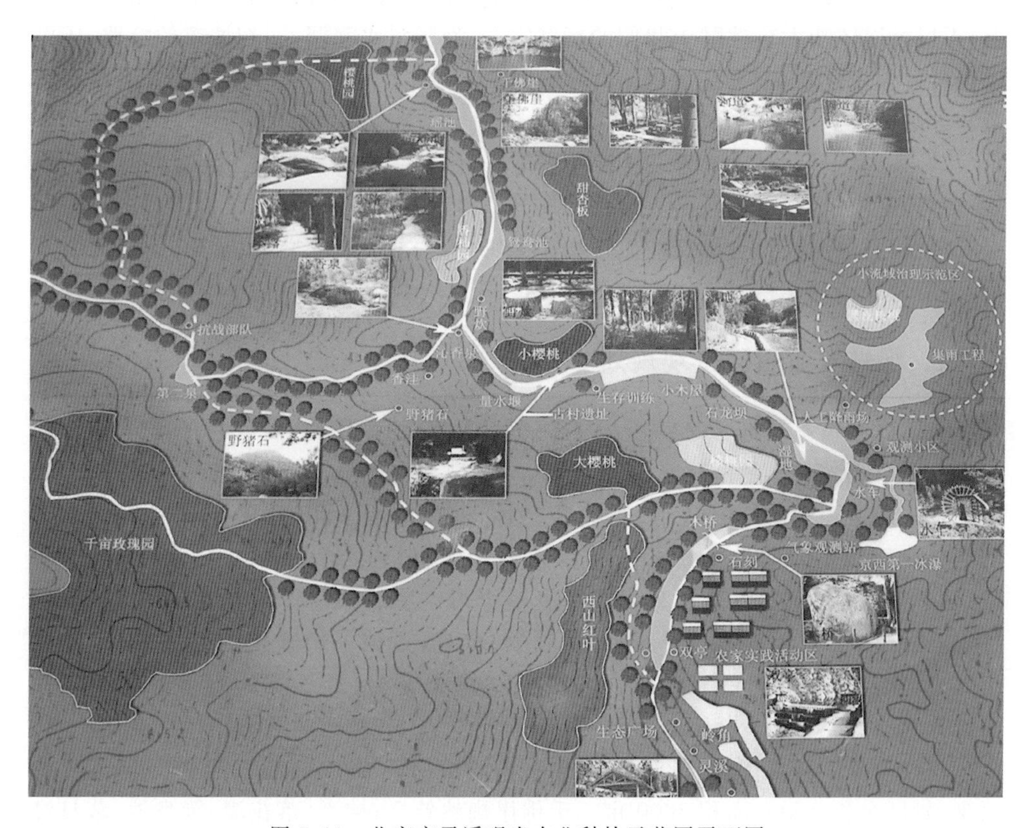

图 7.11　北京市灵溪观光农业科技示范园平面图

灵溪观光农业科技示范园所在位置为岭角村,岭角村位于北京门头沟区妙峰山镇西部,占地面积约 5 km^2(图 7.11)。岭角古称"凌窖",属暖温带半湿润、半干旱大陆性季风气候。四季分明,春秋季较短、冬夏季较长。年平均气温 11.8℃。6—8 月气温最高,平均 24.8℃,1 月气温最低,平均为-4.2℃。全区平均气温 5℃以上的持续时间约为 240 天,平均气温 0℃以上的持续时间约 272 天。无霜期 200 天左右。年平均降水量为 624.7 mm,其中夏季降水量占 75%,又主要集中于 7 月下旬至 8 月上旬。阵雨较多,连续降水较少。

二、灵溪观光农业园区特点

(1)区位优势明显,109 国道从村南穿过,这里距京城(阜成门)只有 42 km,驱车约 1 个小时即可到达;而且,这里是去往灵山、百花山、龙门涧的必经之路。

(2)自然条件优越,岭角村位于灵溪沟谷旁,新开辟的"灵溪风景区"空气清新,植被茂密;灵溪沟内,常年溪水不断,小鱼、小虾、蛤蟆、青蛙,唾手可得;游人沿溪流而上,不仅可以体味大自然赋予我们的新鲜空气、静听溪水潺潺,一扫城市的喧嚣,还可以观看岭角古代水车、都江堰式的石笼、小流域治理示范区、全国各种量水堰模型以及北方山区沟谷中的湿地等。

(3)在沟谷里的林中小憩,尽享鸟语花香;在开辟的野炊区里,可以自己动手野炊、烧烤,扎帐野营,尽情领略大自然的风光。沿途开辟的樱桃园、核桃园、香椿园、红果园以及药材种植园,会给您的旅途增添无穷乐趣;神潭、卧龙池、虎头山等"灵溪八景"也会使您流连忘返。

三、观光农业园区景观规划

灵溪观光农业园是一处集名人古迹、樱桃采摘、池塘垂钓、民俗观光、科普教育于一体的旅游观光农业示范园区。

观光园集科普、旅游、度假、休闲为一体,面向广大学生、科学工作者、家庭、工人等各个阶层不同职业的游人。可以春季踏青、植树,夏季避暑、夏令营,秋季采摘,冬季观看冰瀑、冬令营。观光园拥有一个可一次容纳 100 人的电化教室,有各种岩石标本、植物标本、化石标本可供教学、参观,是孩子们减负的好去处,也是成年人、大学生补充能量的好处所。卡拉 OK、篝火晚会、野炊烧烤等多种休闲方式供游人选择。

观光园景区环境优美、景色宜人,景区内动植物资源丰富,溪水四季长流、无工业污染,景区全长 3 km,面积 3000 亩。千佛崖巍然耸立;神潭、落花潭、鸳鸯池、蔽日潭宛如一颗颗明珠点缀着景区;沁香泉也会为您送上一缕缕清凉。另有生态广场,水车、水力发电模型、量水堰，水质水量观测区等科教设施。

1. 观光休闲农业园区景观规划设计原则

(1)突出特色的原则　特色是旅游发展的生命之所在，愈有特色其竞争力和发展潜力就会愈强，因而规划设计要与园区的实际相结合，明确资源特色，选准突破口，使整个园区的特色更加鲜明，使景观规划更直接地为旅游服务，为园区服务。

(2)参与性原则　亲身直接参与体验、自娱自乐已成为当前的旅游时尚。观光休闲农业园区的空间广阔，内容丰富，极富有参与性特点。城市游客只有广泛参与到园区生产、生活的方方面面，才能更多层面地体验到农产品采摘及农村生活的情趣，才能使游客享受到原汁原味的乡村文化氛围。

(3)多样性原则　不论是观光旅游或是专题旅游，不论是团队旅游或是散客旅游，都要为旅游者提供多种自由选择的机会。园区景观规划的多样性原则既是要求在旅游产品开发、旅游线路、游览方式、时间选取、消费水平的确定上必须有多种方案以供选择，更要求园区品种选择、景观资源配置突出丰富性、多样性的特点。

(4)生态原则　旅游势必会带来大量的污染，园区自身的生产生活需要注意生态方面的要求，重视环境的治理，不要对自身和周边产生不良的影响。景观规划的生态原则是创造园区恬静、适宜、自然的生产生活环境的基本原则，是提高园区景观环境质量的基本依据。

(5)经济性原则　开展旅游观光和进行园林的改造无非是为了带来更大的经济效益，规划设计当中要把经济生产融合到园区建设中来。尤其对于各类采摘园来说，采摘的经济效益很高，规划设计要能够使采摘进行的更好，同时注重在非采摘季节吸引游人，更好地提高经济效益。

2. 功能分区与详细规划

主要观光园区分为“八区六园”。即休闲娱乐区、观光农园采摘区、野炊烧烤区、科普活动区、农事实践活动区、鸳鸯池风景区、西山红叶区、龙潭风景区；樱桃园、香椿园、核桃园、红果园、脆枣园、柿子园。

(1)休闲娱乐区　在观光农业园区中有泉水从山上湍湍而下，在近平地的区域围成一个小的水潭，在水潭边还有可供休闲的凉亭，在靠山的两侧有各种树木和花草，走在其中，倍感休闲。

在周围还有农家院可供住宿，村里近年来，加大了环境整治和基础设施的改造，村里的街道铺上了古朴的青石板，农家户的厨房、厕所也都进行了装修改造，村民的生活污水都进行了集中处理，达到了国家一类排放标准。

结合本地的自然条件，村民们大力发展绿色产业——养蜂业，与黄台村共同开发的“绿纯蜜蜂文化园”每年都吸引着大批的游人。

(2)观光农园采摘区　观光农园采摘区包括大小樱桃园、甜杏园,还有千亩玫瑰园。将可以采摘的果品也要进行划分区域并且实行统一管理,明码标价,同塑料大棚采摘区一样也要对农产品的价格档次的种植有一定的规划,满足不同消费者的需求,很好地提供优质水果的观光采摘服务。

丰收季节来临之际,红果、柿子、核桃、红薯等已是成熟的时节,让孩子们亲自感受采摘的乐趣。该园每年推出3月植树节、4月香椿节、5月樱桃节、6月登山节、7—8月科普夏令营以及9—10月金秋采摘节。在这里,同学们可以在实践中学会生活的基本技能,丰富多彩的活动也一定会让同学们流连忘返,从活动中掌握课外知识,丰富同学们的假期生活。

4月22日—5月30日以香椿、樱桃采摘为主的踏青、赏花采摘节。不仅要让消费者自采自收优质、新鲜的果蔬,还要让他们买得放心。各种分等级品种的种植,也可以满足不同消费者的需求,让每位游客都能买到称心如意的特色农产品。

规划中的设施建设尽量以木制、竹制或石制为主;对于园内现有的水车、水渠、座凳等一些园林小品进行一定的改造和保留以及相应的增加,进一步改善园内环境,增加对游客的吸引力。门头沟樱桃园依山势而建,现有风格自然淳朴,乡野气息浓厚,运用传统造园手法加以改造,使其环境更加深邃、有意境,满足旅游观光和采摘的同时,更适合疗养与度假。

(3)野炊烧烤区　在野炊烧烤区设置了石桌、石凳,还有一定的空地,这样方便游客在这些地方进行烧烤,空地范围较大,适宜进行野炊以及篝火晚会等各种活动。在观光农业园区中,环境优雅,远离了城市的喧嚣,使观光游客身心得到愉悦。烧烤区位于园区中间,减小对周围空气环境的污染。烧烤区搭建了几个烧烤台,人们可以自助烧烤,聚集在一起分享自己带来的美食,互相交流,营造和谐的大家庭气氛。烧烤区为观光农业园的生活增添了一道亮丽的风景。在这里,人们可以聚集在一起,吃烧烤、制作面点、沟通交流,享受到美食带来的无穷乐趣。烧烤区西侧及周围种植针叶树、高大乔木和小灌木,比如槐树、银杏、悬铃木、小叶黄杨等,不仅丰富景观,也有助于吸收烧烤区造成的空气污染物。

(4)科普活动区

①沟道治理考察。苇甸沟小流域考察,认识小流域治理的优点。了解小流域治理的意义,在控制水土流失和削减山洪灾害等方面发挥着巨大的作用。展示小流域治理的成果,以坡面山场为基础的林木开发区。以坡脚梯田、沟道、坝阶地为基础的果粮开发区。以沟道内塘坝水域为基础的水产开发区。

②水车模型观测。了解我国古代人民的聪明智慧,利用器械把低处的水运到较高的农田中进行浇灌,改变了以往靠天吃饭的惯例。

③水力发电模型观测。把物理知识联系到实际中来，利用自然界中的水力资源转为人类生活中必不可少的电能，完成势能到电能的转化。

④科技小制作。小鸟乐园、干花小花束、冰箱贴、抹泥画、飞机模型组装等。

⑤电子模拟探雷比赛及组装。新颖独特的探雷方案，能够使孩子们身临其境，感受战争气息，增强同学们的独立思考及生存意识。

⑥认识动植物。采集制作标本、野外观测鸟类的生活习性。

⑦观测星空。不同季节有着各自的标志性星座，如：春季星空狮子座、夏季星空天鹅座、秋季星空飞马座、冬季星空金牛座，基地配有先进的望远镜，能使同学们更好的观测星空。

6—8月开展以学生科普教育为主题的夏令营活动。规划出一片以农业生产为主，并具有农业知识及生态环境教育功能的区域，可以向生活在城市的青少年展示农作物的种植、培育管理、收获的整个过程，让他们了解农业传统生产工具的特征和正确使用方法，以及一些先进的栽培和管理技术。还可以培养青少年热爱劳动、珍惜粮食、自觉保护环境的良好习惯。

(5)农事实践活动区　农事实践活动区是可以让市民体验耕作的区域，将这些可以耕作的园地分租给城市居民，用来种植花草、蔬菜、果树等，让城市居民也可以体验农业生产的整个过程，并且享受其间的乐趣。城市居民可以利用节假日的时候到自己的园地里进行耕种培育，而平日里，则可以雇用当地的农民帮助打理园地。

现在生活在城市里的青少年对于农业生产了解得相当少，规划出一片以农业生产为主，并具有农业知识及生态环境教育功能的区域是非常必要的。在此区域中，可以向生活在城市的青少年展示农作物的种植、培育管理、收获的整个过程，让他们了解农业传统生产工具的特征和正确使用方法，以及一些先进的栽培和管理技术。并通过一些讲解和让他们亲自体验，来向他们传授农业知识，加深他们对农业、环保等知识的理解，突出知识性、趣味性、观赏性和趣味性。这些内容还可以培养青少年热爱劳动、珍惜粮食、自觉保护环境的良好习惯。

在农事实践活动区，岭角村每年3月20日—4月30日开展以“播种绿色，奉献爱心”为主题的植树节活动。此农园教育区域还可以与市内各中小学校联系并达成合作关系，定期开展一些教育活动，如举办农耕节、采摘节等，通过这些活动让学生亲身体验到劳动的快乐，更加了解农业生产的过程和知识，起到寓教于乐的作用，此园区也将成为市中、小学生农业教育的基地。

基地以让孩子们亲近自然、享受自然、从自然中学到知识为宗旨，以开展丰富多彩的活动为手段，从而开发青少年创新、创造能力。基地充分利用当地丰富的动植物资源，提高科技老师的水准，更好的开发孩子们的智力，提高他们的科技素质。“寓教于乐""寓学于乐""寓教于玩",使孩子们在参与和实践中提高。

(6)鸳鸯池风景区　天然形成似鸳鸯形态的鸳鸯池、弯曲流畅,生长有很多的水生植物,坐在池边听着潺潺的流水声,使人远离喧嚣,回归自然,使人身心感到轻松畅快。

(7)西山红叶区　学生至此,可溯溪而上,观光赏景,采集动植物标本,进行生态研究;游人至此,可观赏风景,春赏花植树,夏休闲避暑,秋采摘瓜果,尽享山情野趣。

(8)龙潭风景区　位于妙峰山与长安岭之间的沟谷中,一条山溪常年流淌,两侧青山叠翠,环境幽雅,景色秀美。如果夏天来到这里,人在其中可以感受到夏日的清凉,心情倍感舒畅。

四、结语

观光农业示范果园规划充分利用果园优越的地理位置、优美的自然环境及便利的交通,统一规划,合理布局,适应游客的各种品味及需求,把观光采摘园建成了一个集生态示范、科普教育、赏花品果、采摘游乐、休闲度假、生产创收于一体的综合性果园。

灵溪观光农业园规划设计主要从已有的地形和周边环境出发,首先确定住宅和其他建筑的位置,在此基础上重点规划设计周边绿地和配套服务设施。最终的设计目的是使人休养度假、颐养身心,为度假者和居住者提供优质的服务;充分满足各类人群的多种爱好和要求,创造健康、快乐的生活理念和人、自然和谐共处的社会环境。

案例四:北京顺义区三高科技农业示范区

一、园区概况

北京顺义区三高科技农业示范区是 1995 年初经北京市政府批准建立的一家市级科技农业示范区,位于顺义全区的中央位置,总占地 5000 hm^2。中心区占地 2600 亩,入驻企业已达 26 家。示范区地势平坦、土壤肥沃、水源充足,是进行高科技、高效益农业开发的理想之地。示范区与 2008 年北京奥运会的水上项目区毗邻,此外,周边还有北京国际高尔夫球场、乡村高尔夫球场、怡生园国际会议中心等。

示范区集现代农业展示、农业科技成果转化、高新技术企业孵化、青少年科普教育和农业旅游观光等多种功能于一身,形成了以畜牧籽种、精品花卉、树木种苗、旅游观光、物流配送和信息服务为主的产业群。示范区先后被国家科委、科技部、财政部和北京市政府评为"现代农业综合应用示范基地""国家级持续高效农业示范区""工厂化高效农业示范区""高效农业示范区""现代农业示范区"和"北京市青少年科普教育基地"。以现有的资源为基础，示范区从2000年起开始正式挂牌对外接待游人和考察团。

二、景点介绍

示范区作为观光农业基地，可供游人参观的旅游景点有七个：

（1）空间花园　各种草、木本花卉的展示，总面积2000 m^2，一年四季可参观。

（2）蝴蝶兰观赏区　兰花的组织培养及兰花十几个品种的展示，以蝴蝶兰为主，总面积20000 m^2，一年四季可参观。

（3）水培蔬菜生产车间　总面积2000 m^2，一年四季可参观。

（4）精品牡丹生产观光园　总面积120亩，露天栽培牡丹，有100多个品种，花期在5—6月份。

（5）胖龙园艺温室　温室栽培仙客来、红掌、凤梨等新品种花卉及彩叶树木，总面积250亩。

（6）观光采摘园　种植了葡萄、木瓜、番茄、油桃、苹果、杏、梨及各种蔬菜共计50多个品种，四季采摘，总面积300亩。

（7）神笛陶艺村　参观陶瓷艺人精湛的表演，还可以亲身感受拉坯、手捏、刀刻、浮贴、肌理、着色等制作工序。陶瓷制作采用景德镇纯正泥土，拥有从泥变瓷完备的景德镇设备和一批专业景德镇师傅，让游人体验亲手制作陶瓷的快乐。

园区还拥有餐饮、住宿设施，有内部餐厅一座，可同时接待500人用餐。有若干个标准间和60个普通间。目前正在对餐饮和住宿设施进行扩建，以增强旅游接待能力。

三、经营特点

顺义三高示范区采用"园区＋企业"的经营模式。北京市科委、市农委和顺义区政府共同推动三高示范区的建设和发展，示范区管委会负责日常的管理和服务。中心区入驻企业已达26家，各企业独立经营。顺义三高示范区的管理机制为政府搭台、企业唱戏、专家参与、农民受益。政府搭台：政府推动搭建科技成果对接与转化平台和农业科技信息平台。招商引资，广泛开展国际国内合作，主动与大企业、大公司联系，积极争取有关部门的支持和配合。完善基础设施建设，做好绿化工作，为示范区营造良好的投资环境。企业唱戏：示范区遵循"小管委会大企业"的原则，管委会不直接参与企业的经营管理。示范区内企业的所有制形式是多样化的,投资主体是多元化的。企业在人财物和产品研发等方面拥有绝对的自主权,政府支持企业发展。专家参与:专家与企业对接是示范区发展的一贯方针,示范区已经先后聘请了几十位专家指导生产、传授技术。高档花卉和果蔬栽培、细胞组织培养、动物胚胎移植等技术已经成为示范区的主要技术支撑。农民受益:示范区将高科技技术转化为农业成果,并进行示范推广,向农民提供优质动植物品种,传授种养技术,已经带动几千户农民走上了致富道路。

四、效益分析

1. 经济效益

三高示范区吸引了大批的旅游参观者,旅游人次有逐年增多的趋势。2004 年,中心区接待本市和其他省市游人 10 万多人次。中心区内采摘的果品口味好、新鲜、无污染,很受游人欢迎,价格要比集市上的同类果品高出几元甚至十几元。智能化花卉温室采用工厂化生产、无土栽培,蝴蝶兰每株价格可以卖到 40 元。2004 年,中心区发展观光农业的收入约为 6000 万元。

中心区部分观光农业产品经济效益分析

观光产品	占地面积(亩)	造价(万元)	使用年限(年)	年运行成本(万元)	年销售收入(万元)	投资回收期(年)
木瓜日光温室	0.76	6	20	1.2	3	3.3
草莓日光温室	0.76	6	20	1.8	4.5	2.2
智能化花卉温室	10	500	30	——	——	——

2. 社会效益

示范区还产生了很好的社会效益。示范区利用其技术优势,将高科技转化为农业成果,并进行推广示范。作为北京市青少年科普教育基地,2004 年园区接待了 3 万人次的青少年学生。学生们在专家的指导下学习果蔬栽培技术,增强对农业的理解;还可以在神笛陶艺村学习陶艺制作,体验中国传统文化。示范区每年都要组织几次农民培训,由专家传授动植物种养技术,培训人次累计 3000 多人。顺义当地农民养羊,示范区就从澳大利亚引进 550 只优质种羊进行育种繁殖(目前已繁殖到 1300 只),向当地农民提供种羊并进行技术指导。园区租用农民土地,每年每亩向农民支付租金 500 元,每 5 年增长 10%;为 300 多名当地农民提供了就业机会。示范区对带动当地农民致富起到了重要的作用。

案例五：北京马池口镇二道河观光农业园规划设计

一、区位特点和性质分析

1. 区位特点

北京马池口镇二道河观光农业园位于北京市昌平区马池口镇乃干屯村，东距八达岭高速路 4 km，紧邻华彬高尔夫俱乐部，南距北京六环路 1.5 km，在水南路南侧，具有极为便利的交通优势，区位优势明显。规划地块现状用地类型主要是麦田平地，用地紧临村庄。

2. 性质分析

经综合分析园区所在地区的经济、社会、自然条件，我们将该园区定位为依托农业生产环境，整合农业科研、观光采摘、教育展览等多种功能，尤其突出休闲度假功能的综合农业休闲度假园。

二、景观结构

1. 空间格局

由于园之东西方向中部有高压线穿过，其下一定范围内不能有高大植被和规模建设，因此，园区西半部分主要以果蔬农地、菜地为主，结合适当的浅水面和林网，构成园区的基本面貌。园区东半部分沿边界，设适当的休闲设施和场地，以便将生产、观光、休闲、度假有机地结合起来。园区边界的隔离林带、园中的果园和农田林网将构成全园的基本面貌（如图 7.12）。

2. 道路、出入口

由于园区东南侧为农田，西部为村庄，仅北面临干道，且有高压线的影响，故园区的主入口设于园区东北临路。园区内的主要干道，即一级路兼具生产、消防通道，园区道路共分三级，一级路宽 5～7 m；二级路宽 2～3 m，作为主要连接道路，并作为主要的散步和慢跑道路；三级路宽 1～1.5 m，为连接各景点的游览路。

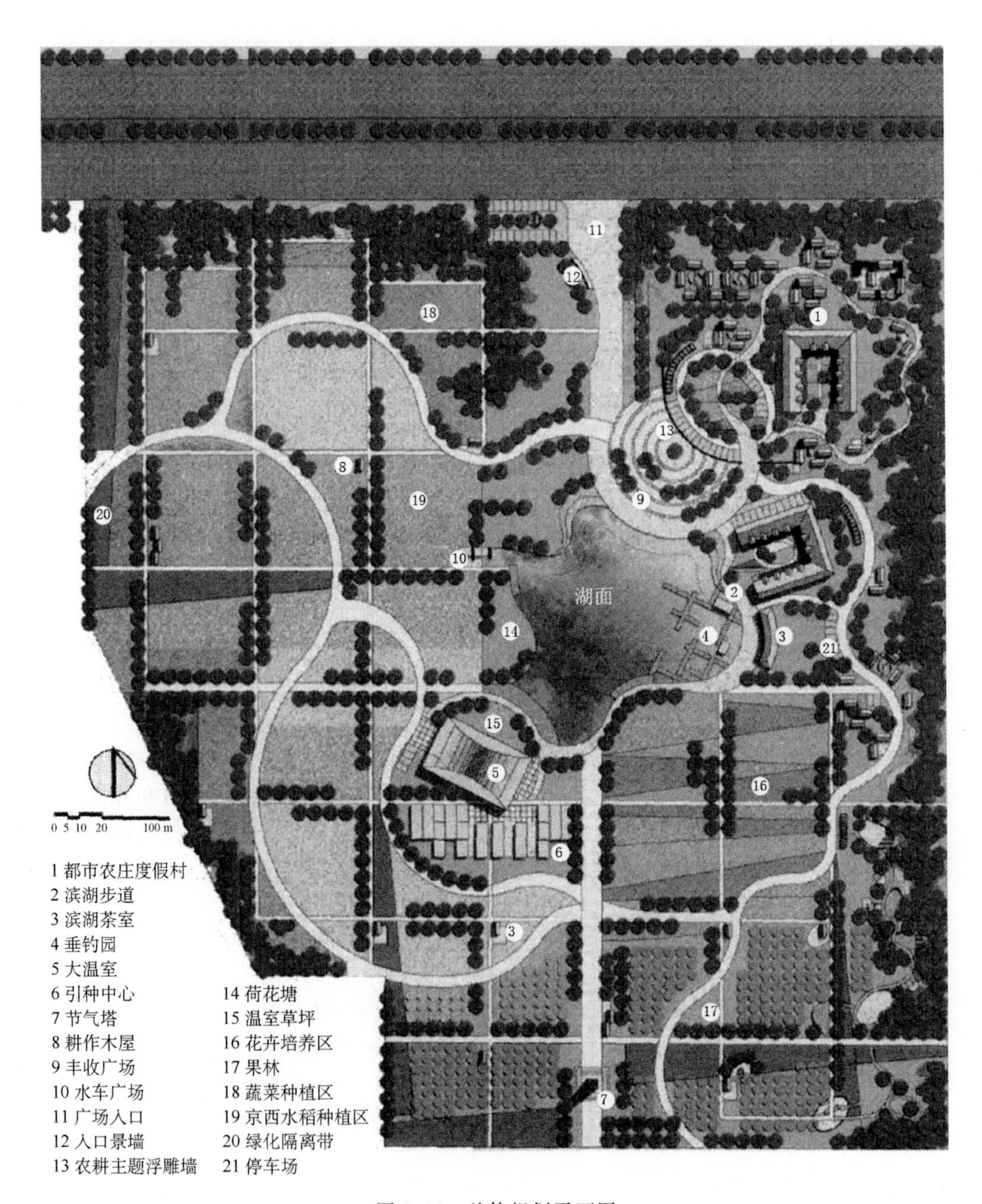

图 7.12　总体规划平面图

三、功能区划分

根据场地现状条件对园区加以改造，并将丰富的功能引入，形成了入口区、生态防护区、绿色蔬菜生产区、应季花卉培养区、果林采摘体验区、农业科技示范区、水产养殖区、农业休闲娱乐区、都市农庄度假区等九种功能分区。

四、经济技术指标

整个园区面积约 400 亩(其中一期用地 200 亩，二期用地 200 亩)，一期用地中，水面积约占 3 亩，各种示范、栽培区域约占地 190 亩，其他用地约 7 亩。园区的投资总计约 450 万元，分 3 个投资期，每个投资期可根据情况在 1～2 年完成，每期约 150 万元，其中不包含单项引进及合作的项目。主要投资内容为道路的建设和改进及其他基础设施的建设和完善，防护及观赏林的建设，休闲设施的改善和游客接待中心的建设，果树、蔬菜、花卉等新品种的引进和驯化等。

案例六：北京丰台区王佐镇南宫温泉农业生态园

一、概况

南宫村地处北京西南部的丰台区王佐镇，占地约 4.5 km^2、810 户，约 3000 人，有 23 个村办集体企业，固定资产 10 亿元，是全镇第一个无粮村，被列为“全国科教兴村计划试点单位”，在 2007 年“寻找北京最美的乡村”活动中南宫村被评选为北京最美的乡村之一，是全国旧村改造的模范典型。现已形成南宫旅游景区，有南宫村民别墅区、南宫温泉农业生态园(又名南宫世界地热博览园)、南宫温泉水世界、青龙湖郊野休闲度假区、极乐峰风景区和八一影视基地等六大景区，集地热科普展示与健身休闲于一身，融秀美的自然风光与磅礴的人文景观于一体。

南宫温泉农业生态园(又名南宫世界地热博览园)位于北京西南部国家级卫生镇——北京市丰台区王佐镇南宫村境内，是一处成功开发和利用地热资源的观光农业园区。园区北临长青路、南宫新苑小区，南临农田、京石高速，其东临南宫路及农田，西临云良路。占地面积 100 余 hm^2，总投资 9000 余万元，距天安门广场约 25 km。

二、指导思想

1. 发挥资源优势,综合利用地热资源

经过周密勘测,南宫村于2000年成功开发出了高品质的地热资源,并确定了"一次开发,梯次利用"的综合利用方案:高温水取暖、中温水洗浴,低温水养殖,冷水灌溉。地热的开发和应用已达到了世界先进水平。

2. 开发农业新功能,观光与生产有机结合

把农业发展同观光旅游、生态建设结合起来,发展生态农业、设施农业和观光农业,重点发展科技含量高、附加值高、有特色的花卉、苗木等特种种植业,提高生产能力和经营效益。高科技、高质量、高效益的南宫农业生态园,以"公司+科技+农户"的形式组织经营,提高了农业产业化水平,扩展了京郊旅游资源。

3. 促进种植结构优化,带动经济发展

农业生态园的建设促进了种植结构优化,进一步调整了粮经比例。2000年全乡减少粮田面积260 hm^2,用于扩大经济作物种植,其中蔬菜20 hm^2,果树13.33 hm^2,花卉、草坪共126.67 hm^2,饲料、饲草100 hm^2。全乡粮经比例由原来的70∶30调整为现在的55∶45。南宫温泉农业生态园在组织农户、服务农户、带动农户、积极扶持龙头大户发展方面发挥了重要作用,带动了乡村经济发展。

三、分区内容

南宫温泉农业生态园由地热科普展览中心、温泉(水产)养殖中心、温泉养生中心、南宫苑(公园)、温室公园五个部分组成。各分区之间设置乔、灌、草相结合的绿地,并结合道路进行过渡和衔接。

1. 地热科普展览中心

地热科普展览中心位于园区入口北侧,上时光隧道台阶即可进入二层展区。中间为地热应用沙盘,其东为地热科普放映厅,其西为地热科普展厅。建筑面积为1000 m^2,是一所集科普知识性、趣味性、互动性为一体的综合性现代化展馆。

地热科普展厅建筑面积为600 m^2,其主要功能为地热科普展示。展览内容涵盖了世界范围内的地热勘探、地热开发、地热利用、地热奇观及地热伴生物等的展示。让游客通过参观对地热的产生机理、勘探方法、开发利用方式有一个全面而详尽的了解;同时通过对世界范围内的地热奇观及相关伴生物的理化特性的深入了解,提高游客对地热知识学习的兴趣,为普及地热科普知识提供了一个全方位的展示平台。展

厅在展示形式上简洁明快，以环形不同色彩的道路串联各小展区(图 7.13)。

图 7.13　地热科普中心不同色彩的参观道路

地热科普放映厅建筑面积为 400 m^2，其主要功能为地热科普知识放映及相关学术报告。该厅内设有 140 个座位，内配四间同声翻译室，以备国际学术交流使用。

展览中心以西为南宫农副产品超市，兼有游客中心功能，以供参观者休息、医疗、电讯服务和旅游购物等功能。

2. 温泉(水产)养殖中心

温泉(水产)养殖中心位于观光园入口南侧，环境优美，是北京市定点旅游示范区和全国农业标准化示范区，占地面积 6.6 hm^2，包括 4 栋封闭式温室(集约化养殖面积 1500 m^2)，2 栋半封闭式温室(养殖面积 2000 m^2)和名贵鱼垂钓水面 1600 m^2。主要利用优质温泉水进行名、特、优淡水观赏鱼和食用鱼的饲养和繁育、季节性鱼的储备、名贵鱼垂钓等项目。在养殖过程中利用循环水对关键的技术环节实行监控，以确保主要养殖技术参数控制在一定的范围内，充分满足养殖对象生长、发育的需求，提倡生态养殖和健康养殖。

3. 温泉养生中心

温泉养生中心采用京热 96 号地热井水，水温为 72℃，水中含有偏硅酸、锶、锂、氟、溴、铜、硒等对人体健康有益的物质及多种微量元素，是美容养颜、强身健体的绝佳之地(图 7.14)。

中心为两层，一层中央为垂钓大厅，围绕垂钓大厅室内设置男女更衣室、休息厅、静心沐浴区、药浴水疗区、动力涌泉区、健身休闲区及木板浴、石板浴、玉石浴、桑拿浴、冲浪浴、火龙浴等特色浴房，室外设置园林式露天温泉保健休闲区，玉桥横跨、淋廊环绕，舒适宜人。

中心二层配有农家特色餐厅，为游客提供多种风味的农家特色餐饮，透过餐厅的玻璃长窗,可领略一层垂钓园的闲情雅致。

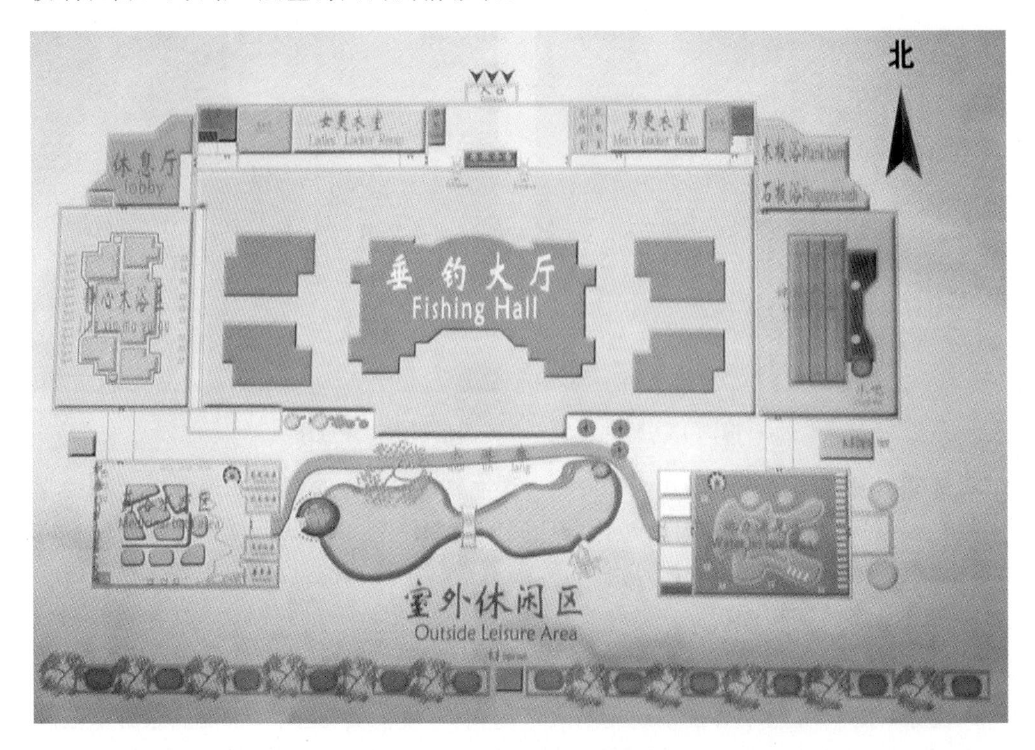

图 7.14　温泉养生中心总平面

4. 南宫苑(公园)

南宫苑(公园)是北京市第一家村级公园,建于 1992 年,占地 10 hm^2,投资 700 万元,是南宫人自己动手用 7 个月时间建成的。公园里花草树木、亭台楼阁、游船碧水和其他游乐设施应有尽有,既是南宫村村民的一个休闲娱乐之所,也是附近居民和京城市民游玩的好去处。设有东西两座大门、露天舞场、游船码头、售货亭、儿童游戏等设施及清泉翠绕、临风亭、荷花池、翠竹林、飞霞亭、双湖桥等景点。

5. 温室公园

温室公园位于园区主干道北侧,用地平坦,含葡萄长廊、百瓜长廊、智能温室观光区、日光温室采摘区、观光果园采摘区及办公服务区等内容,融科教、观光、采摘于一体。笔直的葡萄长廊串联两侧的智能温室观光区、日光温室采摘区、观光果园采摘区。各区之间及周边设置乔、灌、草相结合的条带状绿地进行过渡、衔接和美化,规则式布局结构清晰明确。

(1)智能温室观光区　南宫温室公园智能温室观光区建筑面积 20000 m^2,投资

2000 万元兴建，于 2004 年 10 月 1 日正式投入使用。共有南国风情、热带花海、蔬菜森林、蔬园群英、蔬菜迷宫、花卉生产等 8 个智能温室和一个香蕉长廊。8 个 3000 m^2 各具特色的连栋智能温室，规则对称地排列在香蕉长廊的两侧。其技术依托为中国农业科学院，主要应用现代设施农业生产技术，进行蔬菜、瓜果的无土栽培生产及观光，在功能上实现了观光与生产的有机结合。其中观光与生产面积各占 10000 m^2，并且生产区域在布局安排上充分满足了现代农业对观光的要求。使无土栽培与园林造景艺术融为一体，通过北方香蕉林的独特展示、蔬菜森林的立体效果、蔬园群英的树状栽培艺术使人产生强烈的视觉冲击力，展现出现代农业生产与旅游观光的完美统一。

以蔬菜迷宫为例，占地面积约 3000 m^2(4.5 亩)，位于连栋智能温室六区，种植从国外引进的彩椒、飞碟瓜、球茎茴香等 100 多个品种，与 2007 年 4 月建成了一中、二门、三层、四方、五味、六形、七色等不同文化寓意、曲折蜿蜒的蔬菜迷宫。

一中：指一个中心使游客看到稀有的品种；二门：指二个门廊，入口种植代表作物为苦瓜，出口种植代表作物为甜瓜，寓意人生先苦后甜；三层：为三个层次，按照作物特性，采用地栽、盆栽、爬蔓三种种植方式，形成低、中、高层次，寓意步步登高之意；四方：为四个方位，分别由四种作物代表，东面为冬瓜，西面为西瓜，南面为南瓜，北面为北瓜；五味：为五种味道，分别为五种作物代表，香为香椿，甜为甜瓜，苦为苦瓜，辣为尖椒，腥为鱼腥草；六形：为迷宫内有六种形状的瓜(南瓜、蛇瓜、苦瓜、丝瓜、砍瓜、瓠瓜)组成，扁圆形、长形、方锥形、弯曲长形、垂直长形、长柱形等六种形状。七色：为七种颜色的代表作物，赤为红色彩椒，橙为橙色彩椒，黄为黄牛皮菜、绿为球茎茴香，青为油菜、紫为紫色羽衣甘蓝，白为白萝卜。

香蕉长廊是智能温室参观的主干道，沿路两侧列植香蕉树，每隔一定距离设置座椅，并结合两侧玻璃窗宣传农业生产知识及各种花、果、菜的性、味、成分、功用和应用方法等(图 7.15)。

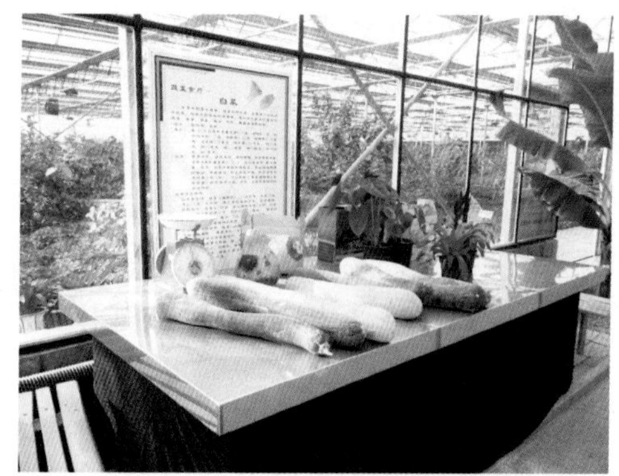

图 7.15　香蕉长廊

(2)日光温室采摘区　位于智能温室以北，沿葡萄长廊分列道路两侧，瓜、果、菜、花相结合，种植有桃、杏、李、菊、草莓、西红柿、迷你黄瓜、生菜、彩椒等各种时令蔬果。室内道路与种植模式及观光采摘相结合平行布置。

(3)观光果园采摘区　位于日光温室以南，葡萄长廊与百瓜长廊之间，种植樱桃、苹果、杏、桃、李子等，“田”字形道路将其分隔为规则的两部分，中间四块为果园，周边为分区过渡和陪衬果园的观赏性绿地。

(4)百瓜长廊　位于温室公园的西侧，与西侧入口相接，为直线形，沿道路两侧形成长短不同的瓜架廊。

案例七：北京顺义区意大利农场规划

一、概况

意大利农场占地206亩，土地归属顺义区马坡镇白各庄乡。规划基址相对简单，地势平缓，主要由耕地、养鱼池塘和闲置地组成。

地理位置：本案位于顺义区马坡镇白各庄乡，位于北京市东北郊。占地206亩。

交通概况：位于枯柳树环岛东北，东侧紧邻京密路，南邻北六环路。交通十分便利。

地块群体效应分析——群体互动优势：与相邻项目功能互补互相带动，共同发展。本案周边分布有众多的消费群体，尤其紧邻京密路，而京密路沿线分布着大量的中高档的别墅区，构成了京郊强大的消费群，其能力与本案消费定位互补。

二、意大利的概况

1. 我们印象中的意大利

提起意大利我们能联想到：文艺复兴、巴洛克、建筑、绘画、雕塑、歌剧、天主教、足球、工艺品、饮食、民俗……本案例意大利农场，必然以农场为载体，体现意大利风情，构建郊野消闲园，如何设计一个生机勃勃、形神兼备的意大利式的园林母体，首先必须了解意大利和意大利的园林。

2. 我们印象中的意大利园林

欧洲古典主义的前身：巴洛克园林。意大利人从不拘泥于欣赏园林，而是要从园林中欣赏四外广阔的自然。

①把花园作为露天的起居场所。

②把园林作为建筑跟四周充满野趣的大自然的过渡环节。

③意大利园林通常是指罗马、佛罗伦萨郊区路加、西耶那附近的别墅休闲园林。这恰恰与本案意大利农场的服务宗旨一致。意大利最有名的别墅园林，如朗特别墅(Villa Lante)(图 7.16)、埃斯塔别墅(Villa D'este)。

图 7.16　朗特别墅

三、规划原则

意大利农场遵循以下规划原则：

(1)以人为本，与自然和谐的原则。

(2)资源永续利用的原则。

(3)共同发展、区域互动的原则。

(4)功能优先的原则。在农场规划过程中，满足以下基本要求：以露地不同树种、品种配置为主，以设施栽培为辅，满足周年观光采摘要求，同时配置一些有特色、本身加工需要的树种和品种；以引进品种为主，突出意大利农场特色，以国内品种为辅，补其不足；主要树种集中栽植，次要树种分散栽植，但相对集中；栽培方式采用宽行密株，便于游人观光采摘；栽植园类型多样化，各自成区，又相互有机连接(图 7.17)。

四、种植规划

种植规划满足全年观光采摘需要(特别是三个黄金周)。规划结构：两环—两轴——个中心—辐射式果园(图 7.18)。

意大利农场将成为京郊一个以展示意大利风情为主，并具有采摘、展示、科教为特色的综合度假风情园。各种栽植果树面积规划：梨 10 亩、樱桃 10 亩、李树 10 亩、桃 8 亩、杏 5 亩、鲜食葡萄 5 亩、酒葡萄 5 亩、苹果 5 亩。

图 7.17　意大利农场平面图

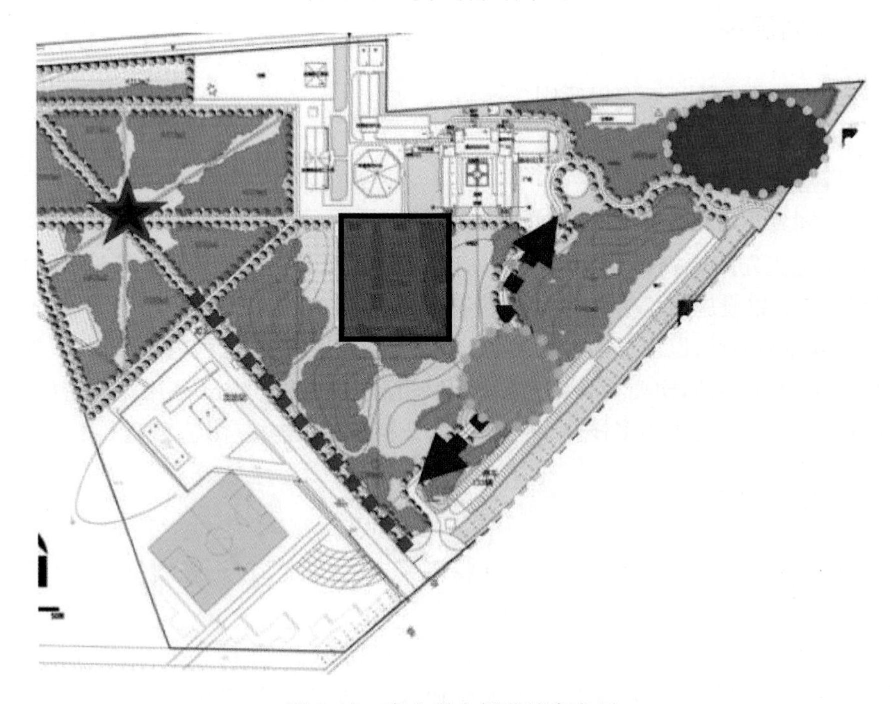

图 7.18　意大利农场种植意向图

五、功能分区

全园分为风情园、景观园、生态园和科普园等四大区域。

风情园:风格独特的意大利风情园。

景观园:果树栽培服从于园林景观。

生态园:充分体现植物多样性,景观自然、生态、和谐。

科普园:新品种、新栽培方式,努力建成一个科教基地。

六、总结

意大利农场不同于以往的果园项目,它不是一个专类的果品采摘园,而是京郊一个以展示意大利风情为主,并具有采摘、展示、科教为特色的综合度假风情园。

案例八:北京朝阳区蟹岛绿色生态农庄

蟹岛绿色生态农庄(以下简称蟹岛)是北京市典型的综合观光农园,位于朝阳区机场辅路中段南侧,总占地 3300 亩,其中 90%的土地为有机农业种养区,10%的土地为度假服务区。农庄采用了“前店后园”的经营格局,把现代、舒适的度假酒店置于绿树成荫、稻麦飘香、六畜成群、蟹肥鱼跃的田园风光之中,使酒店经营与农业生产、都市文明与乡土感受、开发受益与生态保护都在自然的生物链结构中循环运转和持续发展。来此休闲度假的客人不仅能在蟹岛清新自然的生态环境中体验乡土情趣,而且也能在蟹岛的田园“超市”中采购到鲜活的禽畜蛋奶和各种果蔬,因此,慕名前来旅游的客人络绎不绝。蟹岛农庄在景观设计上符合景观建筑学的基本理论,在设计方法和要素设计上考虑得当。众多游客对蟹岛的环境也比较认可,从统计数据中可以看出:2002 年度假村游客人数达到了 40 万人,1998 年到 2002 年,年总收入从 909.9 万元增长到 1.06 亿元,年盈利从 248.3 万元增长到 4500 万元,产投比稳定在 1.38～2.08 的较高范围内。事实证明,蟹岛已经成为北京市观光农园的典型代表,是中国农业与旅游相结合、成功发展循环经济的示范园,取得了巨大的经济效益和社会效益,因此,分析其景观设计将对指导北京市其他观光农园的景观设计具有十分重要的意义(图 7.19)。

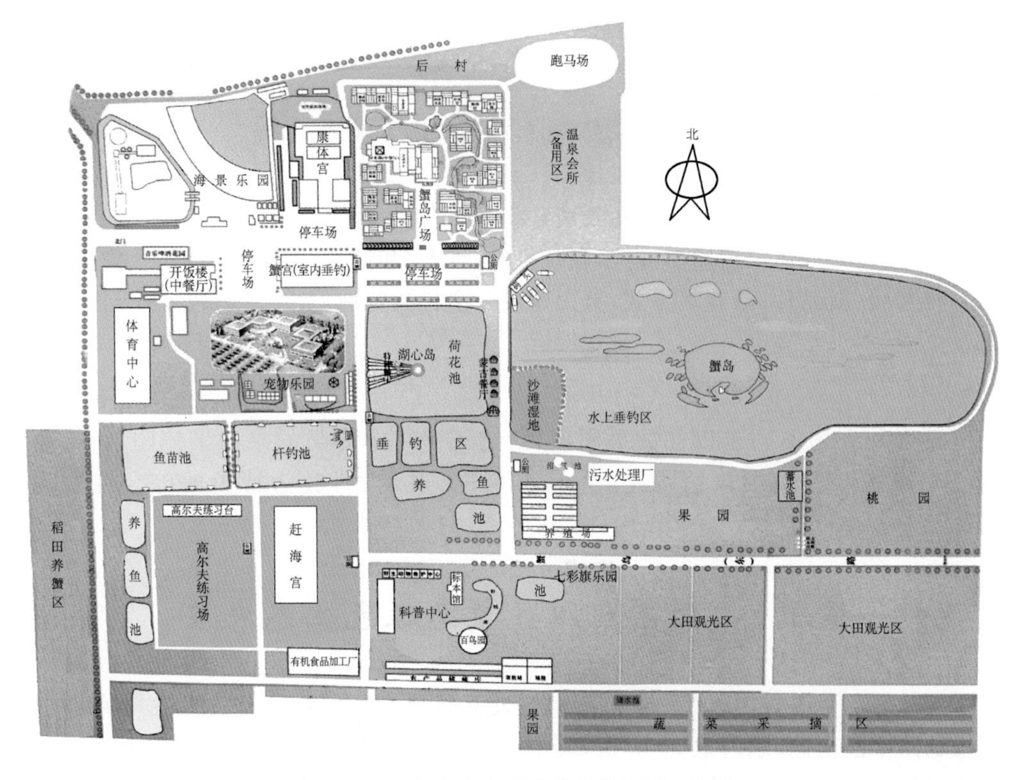

图 7.19　蟹岛农庄生态度假村总平面示意图

一、标新立异的主题

“凡画山水，意在笔先”，园林创作同样如此，好的环境空间必须首先重视主题立意的塑造。主题是表达景观设计中心思想、加深景观感人力量的重要条件。主题鲜明，具有特色，并且能充分发挥，足以使人们对园区深刻铭记。针对游客对原始或特色民居、农村特色产品、特色娱乐活动的偏爱和需求，蟹岛以农庄定位，强调原汁原味的农家气息、田园风格，以产销“绿色食品”为最大特色，农庄以农产品中的“蟹”为主题，布置了室外钓蟹池、室内钓蟹池、大型赶海宫等主题娱乐项目。农庄的景观设计均围绕主题展开，与主题相协调，使之更突出，具有吸引力。在景观设计中建筑、雕塑、标志重复使用“蟹”的主题，创造出极具特色的蟹岛农庄主题氛围(图 7.20、7.21)。在题名点景的应用上也匠心独具，如四合院的接待大堂取名“村公所”，公共厕所取名“茅厕”等，处处凸现出农庄的主题特色，使人印象深刻。

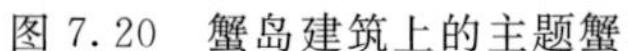

图 7.20　蟹岛建筑上的主题蟹

图 7.21　蟹岛景观池中的主题蟹雕塑

二、功能分区

蟹岛农庄是综合性主题农业度假村，是融参与体验、休闲度假、观赏娱乐、教育等多种不同功能为一体的新型农业园林形式。农园采用了开放式布局方式，共分五个区，即：农业种植养殖区、可再生能源利用区、湖滨生态展示区、环保产业园区、休闲度假区。

湖滨生态展示区是农园的主题景区，从空间规模上、景观构成上、游览组织上都起到了主景作用，体现了等级原理。分区布局中用湖滨生态展示区隔开休闲度假区和农业种植、养殖区及环保园区等，合理组织了空间。各景区以水体作为协调和联系的要素，反复出现，达到了与主题"蟹岛"协调呼应的作用。

1. 农业种植养殖区

该区占地 2500 亩，又分为种植生产区、种植观光区、养殖生产区、养殖观光区四部分。

种植生产区主要为园区提供绿色食品，有近千亩稻田及小麦、玉米、高粱、豆类等 60 余种农作物，园区呈现出春季苗禾青青、秋季麦浪滚滚的景观。

种植观光区建有 100 余栋蔬菜温室，生产大众菜及名优特菜共 80 余种。棚内蔬菜、瓜果豆类品种达 80 余种供游客采摘及餐厅食用，产出的大米、蔬菜、瓜果均为无公害、无污染纯天然绿色食品。

养殖生产区，饲养猪牛羊、马驴骡、鸡鸭鹅等十余种家畜家禽及鱼蟹等十余种水产品，不仅使度假饭店所需的肉、禽、蛋、奶实现了自给自足。动物养殖可给观光农园游憩活动增添许多情趣，又可适当保证生态平衡。就审美而论，鸭鹅和飞鸟等动物也可给农园带来了无限生机。

养殖观光区设有生态蛋采集场、野生动物救护站等。

2. 可再生能源利用区

由两口 2400 m 深的温泉井、日处理能力达 450 m^3 的沼气池和日处理能力 2000 t的污水处理厂构成了园区内生态良性循环的核心——可再生能源利用区。通过开展沼气知识讲解、资源循环和生物链结构的现场参观等活动，作为展示和推广蟹岛理念、推动科普和环保教育的重要窗口。

3. 湖滨生态展示区

由蓄水库、水塘等人工水系构成。通过在水面繁养浮萍、芦苇等浮游植物，在水下养殖鱼、蟹，在堤岸周围植树种草，形成杨柳低拂、芦苇摇曳、鸭鹅凫水、轻舟荡漾的优美景观。

4. 环保产业园区

此园区作为蟹岛环保生态园区的重要部分，是生态系统与环保产业进行结合的平台基地。主要具有环保生态展示、环保科普教育、环保生态技术推广、环保生态产品交易场所等功能。

5. 旅游度假区

占地 200 亩，具备餐饮、住宿、会议等接待功能，部分住宿建筑风格为老北京特色的四合院、农家小院，有浓郁的传统气息，极具乡村特色。

三、便捷有趣的交通

1. 交通系统设计

蟹岛的交通系统设计注意到了包括外部导引路线、内部导游线、停车场地和交通附属用地等。

蟹岛的外部导引线的标牌设计得当，它在距离蟹岛数千米以外的京顺路和机场高速路上开始设立指示牌，路上的景观导引性也比较强。指示牌设计体现了农园的特征，突出了“蟹”主题，体现了重复与韵律的构成美，使游人有想往之的感受。

蟹岛共设置 3 个出入口，由于农庄是开放式的，没有围墙，因此，设计有意弱化出入口，只以一个标志告诉人们已经来到了蟹岛。

蟹岛内部游览道路包括主要园路、次要园路及游憩小路。主要园路为车行线，采用了方正平直的布置方法，便于联系各景区。农庄次要园路及游憩小路的形状、色彩、质感都与周围自然景观相协调，突出了“乡土”特色。

2. 交通方式组织

蟹岛的面积较大，各活动区域之间距离较远，因此，采用了各种的交通工具，提供游览区间快捷的联系。陆上交通工具采用了有农村特色的马车、驴车。水上交通工具采用了古香古色的古代游船。坐在船上，可以欣赏田园风光，观荷采莲，参与垂钓、捕捞等水上活动，更增加了游览的乐趣。这些特色的交通工具起到了增加游园趣味、渲染游乐气氛的作用，从而无形中把交通时间转化为旅游时间。

四、点、线、面景观

农园景观包含了丰富多样的点、线、面景观。共五个景观点：荷花池的水上游乐设施和对岸的蒙古包、跑马场、百鸟园和蟹岛广场。水面相连形成了中部东西向的线性景观，各区内部的大面积水面和农田形成了广阔深远的面状景观。

五、旷奥相间的水系

蟹岛水体设计讲求脉源相连，各景区中都有特色水体出现，成为协调全园的主题景观要素。水体设计采用了旷奥兼用、对比协调的构成法则。湖滨生态展示区中的多块水面、养殖区中的野鸭湖是面的空间构成，塑造了开阔的空间；四合院建筑区中的小溪属线的空间构成，塑造了小中见大的曲折趣味空间。

由于蟹岛湖、荷花池属于大面积的开阔景观，缺乏空间变化及层次，为增加水面空间的层次设置了多样的人工游乐设施，形成了动态的活跃景观（图 7.22、7.23）。荷花池在冬季变为人工滑冰场，在冰场中心用人工造雪机堆起雪山，设置滑车游乐项目，从而形成冬日的独特景观（图 7.24、7.25）。

图 7.22　蟹岛湖边的水上游乐设施

图 7.23　蟹岛湖中的水上游乐设施丰富了景观层次

图 7.24　蟹岛荷花池冬季滑冰场

图 7.25　蟹岛荷花池人工雪山

水体驳岸设计利用形、色、质的对比及生态的设计理念,体现出别样的乡村风格。蟹岛湖等大面积水面采取自然的驳岸设计,即保护了植物,又避免了人工感,使农园空间产生一种轻松、恬静的自然感觉。四合院建筑区中的小溪由自然曲线构成,驳岸采用了石材、木桩等材料,丰富而有变化。为展示自然原野中溪流、小河流的风格,小溪还设置了跌水,形成动态水景。小溪上的桥梁提供给人们穿越的体验,是划分空间、增加层次的重要景观。

六、村落风格的建筑

农园内的建筑包括三类,休闲度假区中的四合院建筑、大型公共建筑以及种植区中的大棚建筑。四合院是北京的古典民居,是当地传统文化的反映,无论从形状、色彩、质感、体量、材料上都与农园的整体氛围非常协调。四合院建筑传承北京地域文化、民族特征,造价低廉,它最大限度地适应北京气候,融会于自然生态之中(图 7.26)。

七、鸟语花香的环境

蟹岛注重背景音响的设计。别墅区中以安静的自然音响为主,包括水、风、动物等的声音。水上游乐区用人工音乐渲染气氛,蒙古包部分采用蒙古民乐,烘托环境。种植区"借"养殖区传来的"鸟语",更显乡间风情,是声音上的借景。农庄对气味设计也很讲究。种植区中的作物采用沼气池中产出的沼液、沼渣作为肥料,既环保、又解决了有机肥会产生臭味的问题。

图 7.26　蟹岛四合院建筑区鸟瞰图

八、农趣小品的点缀

农趣小品是蟹岛文化品质的具体体现，又是开展农庄旅游活动的物质条件和保障，直接维系着农庄的文明形象。蟹岛的环境设施非常有农韵，充分体现了传统农业文化理念，如体现乡村自然生态的嵌草铺装，再如辣椒串、玉米串、幌子、酱缸等特色小品。指路牌、廊架、凉亭等设计得当，充分体现"以人为本"的人文关怀；而多种景观要素如垃圾箱、座椅、标志等的重复出现使农庄整体协调，主题更加突出。果皮箱、座椅、指示牌、路灯、雕塑等各区选择不同造型，无论玻璃钢或水泥材料都做成了仿木的质感，与周围环境极其协调。如农庄的果皮箱采用了玻璃钢材料，每个功能区使用了不同的造型，但整体造型风格一致，既统一又协调。

九、不足与改进

尽管蟹岛已取得了巨大的成功，但也存在需要改进的地方。如种植区内的大棚建筑,设计中更多地考虑前来采摘的游客的需要,对声、光、热环境进行改造。且不宜采用规则、僵硬的几何线的大棚建筑形式。棚内栽培品种单一,缺乏色彩、质感、形状的对比变化。大型建筑外观造型的色彩、材料、形式、体量均与农园整体风格不协调,也与别墅区的四合院建筑风格也有些格格不入。农园在地形的处理上缺乏变化,没有地形的起伏,从而失去了"隔景""障景"的空间层次。这对城市中热爱农村山水风光的人来说是一种遗憾。

案例九:海南三亚亚龙湾国际玫瑰谷

一、项目概述

三亚玫瑰谷项目属于典型的特色农业产业项目,依托"玫瑰文化"作为发展方式,打造成集农业、旅游、商业、度假于一体的"创意农业示范与国际玫瑰文化平台"。该项目依托三亚自身的国际化市场优势来打造成为三亚旅游的"浪漫度假胜地与蜜月集散中心",更使用创新的"3+1"模式,即"园区、景区、社区+创业区"的农民带动模式,让农民参与到产业升级与旅游开发中来,达到长久的可持续发展,使其成为海南国际旅游岛的新名片(图 7.27)。

图 7.27　玫瑰谷平面图

二、现状分析

1. 资源现状

在景观资源方面，玫瑰谷项目在三亚是独一无二的新兴产业，在三亚乃至整个海南都具有一定的景观资源优势。项目地现状景观为纯天然的花卉种植风光，视野开阔。花海、栈道、灌溉水渠等一起营造了浪漫的氛围，是难得的生态景观资源。

在文化资源方面，项目地所在的三亚市吉阳镇是一个黎、汉杂居的城郊镇，其中黎族人口占到总人口的80%，具有丰厚的民族文化背景。黎族文化载体更是不胜枚举，从服饰、歌舞、黎锦、符号、语言等，已经渗透到了衣食住行等各个生活领域。而玫瑰是浪漫的代名词，因此，以玫瑰为主题的诗歌、传说、花语、历史事件等文化传承具有深刻的代表意义。

2. 区位交通

玫瑰谷地处亚龙湾，毗邻一条进出亚龙湾的主路，从三亚市中心到亚龙湾仅有20 km，距离三亚飞机场有38 km，交通十分便利。玫瑰谷周边分布着丰富的高品质旅游景点，其中东北面有亚龙湾热带天堂森林公园，西北面有红峡谷高尔夫，东西方向就是亚龙湾海面和希尔顿酒店等高端活动区。玫瑰谷处于上述旅游景点的中心位置，具有良好的开发环境，地理位置极佳。

3. 市场需求

经过对三亚旅游市场的调研发现，三亚旅游市场存在着三重三轻(重自然、轻人文；重海滨、轻腹地；重白天、轻夜晚)、三多三少(观光旅游产品多、休闲旅游产品少；同质化产品多、差异化产品少；国内旅游产品多、国际旅游产品少)的问题。玫瑰谷处于亚龙湾度假区腹地位置，该项目的开发避其重，抓其轻，重其少，轻其多，以此差异化打造紧抓市场优势。

三、项目主题

项目以玫瑰文化、黎族文化、创意文化为底蕴，以玫瑰产业为核心，以“浪漫、欢乐”为主题，依托周边山水资源，展现一个集乡村田园风情、花海休闲娱乐的休闲旅游目的地。以玫瑰花海、浪漫婚庆、七彩游乐、精油养生、休闲餐饮、国际风情等为主题内容，在城市近郊、度假胜地集中打造一个浪漫之都，品读浪漫休闲、感悟美丽人生。以此增强三亚休闲度假吸引力，提升海南国际旅游岛新形象，突出海南“浪漫”色彩。

四、规划原则

亚龙湾国际玫瑰谷项目整体分两期规划,总规划面积 2750 亩,一期 1000 亩率先启动。项目的 2750 亩用地中,现状用地大部分为闲置荒地,农业生产用地主要为 1000 亩的玫瑰种植区,另外有部分道路硬化与厂房办公区域。项目区域内绝对高程在 2~18 m 范围内,西高东低。大部分用地的地形坡度较小,有利于工程建设及规划设计的实施。该项目规划按以下原则实行:

1. 因地制宜原则

根据项目地特有的山水文化风情,项目的开发设计遵循乡土化、生态化以及尊重当地民俗等,避免大规模开发,以保护性开发为主。

2. 可持续发展原则

项目开发以生态、低碳为准则,保护周边山水资源,尽量使用清洁能源,做到自净以及区域零污染,打造一个美好的生态环境。

3. 市场导向原则

以市场为导向,充分分析市场需求,进行项目合理规划,避免做到恶性竞争。

4. 特色精品原则

紧抓浪漫欢乐主题,以此为主线开发出一批观光、休闲、体验、娱乐、度假、科研、会展精品项目。

五、功能分区

项目根据现有玫瑰种植区域,围绕玫瑰产业发展,因地制宜,以玫瑰种植环境为指导进行分区,以种植区玫瑰所具有的功能形成区域特色产品,同时种植区与国际玫瑰风情小镇形成联动互补,共同承担完善景区的服务功能。

项目分为"一镇八区","一镇"为国际玫瑰风情小镇;"八区"分别为"入口景观服务区""鲜切花产业示范区""食用玫瑰产业延伸区""国际精品玫瑰科研交流区""七彩玫瑰游乐体验区""花茶玫瑰文化创意区""精油玫瑰养生度假区"和"异国玫瑰风情文化体验区"。

1. 入口景观服务区

入口景观服务区占地面积为 176 亩,它的核心内容是打造自然景观叠花谷入口景观大门。体现生态浪漫氛围,引领游客进入玫瑰谷,担当导航系统。它的特色在于以自然景观结合服务设施,体现一个生态自然的入口服务综合系统。入口景观服务区又包括了游客中心、红树林景观湿地、生态停车场、VIP接待会所、花瓣雨许愿池和黎苗文化体验中心。

2. 鲜切花产业示范区

鲜切花产业示范区占地面积为800亩，主要种植鲜切花玫瑰与观赏玫瑰。以浪漫玫瑰花田为本底，选择丰富的玫瑰品种，并结合婚纱摄影，成为三亚独特靓丽的另一片海。同时也是切花玫瑰的集中种植片区，种植品种丰富，示范性强，提供玫瑰花观赏与交流学习服务，是三亚玫瑰产业示范的基地与平台。鲜切花产业示范区包括了爱的起点、黎苗风情街、玫瑰走廊、花田喜事、哈尼木婚纱摄影中心、蜜月小屋、育苗温室、玫瑰品种园、玫瑰资源库、玫瑰花艺殿堂和玫瑰梦工厂等景点。

3. 食用玫瑰产业延伸区

食用玫瑰产业延伸区占地面积为460亩。该区域是以食用玫瑰为主的种植区，主要以玫瑰观赏结合食用玫瑰所加工特色餐饮为体验方式，像游客展示一种独特的生活方式。为了突出玫瑰种植的文化景观与内涵，食用玫瑰园将按照奇异花园的概念设计，将玫瑰花坊、香色食坊、玫瑰酱坊等独特景观建筑串联，成为园区的一道美丽风景。以食用玫瑰种植为依托，突出玫瑰的产业附加值提炼，通过餐饮、玫瑰DIY、酿造、加工、工艺品制作、旅游商品开发等项目，实现游客与玫瑰的亲密接触与深度体验。食用玫瑰产业延伸区包括了食用玫瑰种植园、玫瑰主题餐厅、玫瑰美食DIY坊、玫瑰花坊、玫瑰工坊和玫瑰酿造坊等。

4. 国际精品玫瑰科研交流区

国际精品玫瑰科研交流区占地面积为180亩。该区域是以种植国际精品玫瑰为主的区域，体现世界所特有的精品玫瑰价值，给人耳目一新的感觉。通过科研、学术会议研究探讨、会展等形式，展现国际化玫瑰研究事业，提升整个园区的国际化地位。以世界精品玫瑰种植园为载体，以顶级品种与特色种植为亮点，凸显玫瑰文化的品位与格调，打造国际玫瑰文化的平台。国际精品玫瑰科研交流区包括了玫瑰书画摄影展、国际精品玫瑰园和世界玫瑰大会主题会展中心。

5. 七彩玫瑰游乐体验区

七彩玫瑰游乐体验区占地面积为412亩，以色彩多样的玫瑰种植营造一种欢乐、浪漫的气息，同时结合妙曼水系景观的打造和婚庆、游乐等娱乐活动的开展为游客打造一个可以自由放松的娱乐区域。以种植观赏玫瑰与特色香草为主，为亚龙湾一期、二期的休闲度假游客及本地居民提供一个户外休闲、夜间娱乐与亲子互动的多彩玫瑰田园。七彩玫瑰游乐体验区包括了七彩香堤、花船码头、七彩玫瑰园、玫瑰牧场、花桥穿越、亲子玫瑰园和玫瑰陶艺坊等景点。

6. 花茶玫瑰文化创意区

花茶玫瑰文化创意区占地面积为 536 亩,以花茶玫瑰种植为本底,以其功能与蕴含寓意为延伸,打造玫瑰创意文化与玫瑰休闲产业区域。花茶玫瑰文化创意区是玫瑰谷项目的创意农业平台,以花茶玫瑰种植为本底,集创意、研发、生产、展示、销售、传播为一体的综合型板块,重点开发特色玫瑰饮品、养生保健玫瑰茶制品、以玫瑰为主题的文化创意产业、时尚艺术品等系列。花茶玫瑰文化创意区包括了花茶玫瑰种植园、农民玫瑰创业园、玫瑰创意设计集群和玫瑰植塑园。

7. 精油玫瑰养生度假区

精油玫瑰养生度假区占地面积为 171 亩,以精油玫瑰种植为主,结合其特有的功能打造集观光、养生、美容于一体的高端度假区域。依托精油玫瑰的种植,开发具有世界顶级品质的玫瑰养生庄园项目,每个玫瑰园都具备不同的养生与休闲特色,同时玫瑰玫瑰养生庄园又是一个独立的精油、香薰或茶食工厂。精油玫瑰养生度假区包括了古法精油玫瑰体验馆、国际女性玫瑰护理中心、国际亚健康管理中心和玫瑰SPA 会所。

8. 异国玫瑰风情文化体验区

异国玫瑰风情文化体验区占地面积为 272 亩,以各国特色玫瑰品种种植结合各国原汁原味的风情,打造一个可以展示国际文化以及体验国际风情的休闲体验区,可独自成为旅游景点。按照体验式玫瑰文化景区打造,汇集特色玫瑰花卉种植的同时,融入世界知名产地的玫瑰文化与风情,讲述世界玫瑰起源、迁徙、传播的故事,融科普体验与文化游乐于一体。异国玫瑰风情文化体验区包括了异国玫瑰风情组团和玫瑰文化科普体验园。

六、道路交通系统与游线系统设计

1. 道路交通系统

道路交通系统的规划,以尊重玫瑰谷原有地形地貌、原有道路系统以及玫瑰种植需求为基础,以节能,节地和节约投资的方法,合理的确定道路交通的组织形式,明确道路的功能,并在园区内部地段设置电瓶车道、人行步道系统,来方便游人观光和园区管理。道路交通系统分为三个部分规划,分别为车行系统规划、游步道和停车场。

车行系统规划:项目以浪漫为主题,为保护环境,通过规划后的园区内唯一的车行道便是从景观入口到停车场,其他服务型或游览型功能均以电瓶车进行,特殊情况进行特殊道路规划。总体以原地块内道路为主骨架,按游线、种植对其局部进行调整,主干道宽度 8 m;连接各分区干道宽度 5 m,各分区园内主道路为 4 m,园内项目点连接道路为 3 m。游船水系环线设置在平均 7 m 的宽度。

游步道：规划区各主要景点均有游步道连接，采用木栈道、石阶、沙石、草地、烧结砖、硬质铺地等形式，路面宽度 1.5～2 m。

停车场：项目中共三个集中停车场，其中主入口处 30 个大巴车位，100 个私家车停车位和会员专享区停车位，次入口处配合三期规划设立 100 个独立车位。整个玫瑰谷停车位约为 230 个。

2. 游线系统

游览线路根据不同的游赏主题与道路规划展开。为避免园区混乱拥挤，通过主要道路的节点控制以及各主题园区与主路的连接，为游客提供方便合理的游览线路。同时通过多种主题游览线路，针对不同游客提供一个方便快捷的游览环境，让游客在游览的过程中，从眼睛，到身体，到心灵都能达到自己的所需。

休闲娱乐游线：叠花谷景观服务区—玫瑰原乡欢乐世界—七彩玫瑰园—异国玫瑰风情园—花田喜事中心—黎苗风情街。

科普考察游线：VIP 接待室—玫瑰温室—玫瑰文化走廊—玫瑰花艺殿堂—玫瑰梦工厂—玫瑰工坊—玫瑰会展中心—农民创业园。

婚庆主题游线：叠花谷景观服务区—玫瑰长廊—爱的起点—花田喜事中心—主题婚庆园。

养生度假游线：游客中心—七彩园—清心堂—玫瑰花茶养生坊—玫瑰音乐厅—玫瑰花茶艺馆—玫瑰 SPA—国际亚健康管理中心—蜜月水晶小屋(玫瑰庄园)。

七、绿地景观系统规划

1. 景观风貌规划

玫瑰谷园区(图 7.28)现状大部分为农业用地，荒废待种，区内的景点建设，在宏观上无系统的景观风貌考虑。在玫瑰谷的景观规划中，遵循崇尚自然，保护生态环境；景观建设注重精品意识，注重景观的纯净感；不同特色的景观严格区分，避免大而杂的景观格局的原则。以人的尺度和视觉感受为设计依据，注重人造景观的亲和感和自然感。

保护周边生态环境：在设计中，要以玫瑰花的种植为基本要素，一切设计都要围绕花卉种植展开。这就要求设计尊重自然，以打造原生态为根本，进一步强化玫瑰谷生态的环境风貌。

控制天际轮廓：天际轮廓线，远景是绿植丛生的山体，近景则是玫瑰花卉的种植。规划重点加强周边环境的打造，对建筑、植物景观等的轮廓线进行宏观审视、整体安排和细心处理，形成高低错落、节奏鲜明的轮廓线。

景观特色的创作：在认真把握功能区自然环境的基础上，追求建筑布局与环境的贴切、体量与玫瑰谷以及周边的玫瑰种植园环境的协调与传统手法的相互借鉴以及色彩在环境中的和谐典雅。

规划区内用地功能布局特别注意了与周边地段关系的协调，使规划区用地能够有机地融入玫瑰谷的大环境当中，规划中设计了一个地标性观光点和6个主要景观点。一个地标是指星空绽放；六大核心景观是指久久长廊、爱的轨迹与浪漫小站、浣花溪谷、玫瑰迷宫、飘动的黎锦、梦想田园。

星空绽放：以玫瑰之形，打造一个能够高空鸟瞰玫瑰谷的标志性玫瑰花塔。该塔为旋梯形，各个层面都有玫瑰种植区，研究不同海拔高度对于玫瑰生长的影响。同时该塔也是展示玫瑰花语的主要区域，游客可以边登高边了解玫瑰文化。

图7.28　玫瑰谷鸟瞰效果图

久久长廊：以藤本玫瑰为材，打造世界最长的玫瑰长廊，总长度为999 m，由9个不同长度的玫瑰长廊相互连接而成，每个小长廊可以由99朵、999朵或9999朵各色玫瑰花组成，置于园区游步道和花田中间，为游客提供一个美观、舒适的游览环境和浪漫温馨的精神享受。

爱的轨迹与浪漫小站：玫瑰花车与玫瑰小火车穿梭于玫瑰花园之中，感受不同浪漫站点的爱情氛围。既是一种交通方式，也是一种浪漫体验，同样是园区一个美妙的景观。

浣花溪谷：结合花卉产品与自然的融合，为本项目营造一个玫瑰花田园浪漫风情气氛，形成主要景观休闲带。作为大面积种植性景区景观维护是必须考虑的，浣花溪谷本着生态、自然、美丽的形象贯穿于整个景区，具有对景区的绿化设施进行自主灌溉的功能。

玫瑰迷宫：以玫瑰花种植为本底，打造大型迷宫，形成人人均可参与性活动项目。玫瑰迷宫以不规则的种植方式，不但充满置身花田的游乐趣味，而且对于洪涝期间的水土流失有着很好的保护作用。

飘动的黎锦：以玫瑰种植为景观本底，以黎锦文化为展现手法，创作一幅美妙的大地艺术景观。飘动的黎锦充分利用区域地形，以难以开发的台阶地形为主，打造具有层次美感的玫瑰种植区，一方面可以充分利用土地资源，另一方面展示出黎族文化与震撼的大地景观。

梦想田园：以各色的玫瑰花种植为主，通过集约化种植，形成玫瑰种植规模，打造一个五彩斑斓的玫瑰花海，为游客提供一个梦想的五彩生活。

2. 绿地系统规划

规划区内以农业用地为多，现状自然林地、混合林、乔木林主要广布于规划区周边地带。项目绿地系统规划遵循以下原则。

(1)保护原有生态系统的原则　维护现有的绿化风格，不大面积地进行植树造林，植物景观的营造采用点缀式，适可而止，树种选择方面多采用乡土树种、水果树种。

(2)丰富植物群落的原则　调整周边现有山林植物的比例，增加中下层植物，丰富植物层次，重点打造花田周边植物群落的远景视线效果。

规划区内绿化采用点、线、面相结合的体系。①点：在保证玫瑰谷整体规划格局的基础上，结合玫瑰种植布置绿化点及小型园圃。②线：景观道两边的花卉种植。高度适宜，四季有花，再结合景观节点，点缀适量乡土植物。③面：整个玫瑰花卉的种植，呈现一片花海的景象。

八、建筑小品风格

建筑小品是玫瑰谷文化品质的体现，也是吸引游客的物质条件和保障。玫瑰谷的环境设施充分体现了玫瑰浪漫的文化理念，建筑小品的形式以热带低层建筑为主，选择亲近自然的材料，色彩以浅色为主。

案例十:北京顺义生态园

一、项目概述

该项目景观设计以观光农业园景观设计为指导、遵循因地制宜、配置精品、兼顾经济效益的原则,提炼农业要素,突出农耕文化、农耕体验、养生休闲娱乐、自然生态等特征,同时增强园区的可游性、可参与性,为现代都市人提供一个休闲、放松的高档会所。

二、现状分析

该项目位于北京市顺义区,地处北京市东北部,属于典型的暖温带半湿润大陆季风性气候,夏季高温多雨,冬季寒冷干燥,春秋短促。

园区总面积为 201.6 亩,设计红线范围内没有较大地形起伏变化,基本为平地;园区已建的景观建筑有位于入口处的接待性建筑,位于园区东北处的马趣园及其水域。园区中还有一片较大的林地。马趣园及其水域可以通过改造形成较好的亲水、戏水、赏水的景观;林地可以保留或改造部分,部分苗木资源可移栽到园区其他地方。

三、总体设计

该项目以田园风光、农耕乐趣、绿色生态为主题,力求打造一个集农业观光、农事体验、生态、养生、娱乐休闲为一体,符合现代都市人需求的生态园。设计中结合了茅草亭、水车、花海等自然元素,塑造一个乡村气息浓厚的观光农业园(图 7.29、7.30)。

四、功能分区

根据该项目的设计目标及定位,结合园区的现状进行合理布局,将露天认养、散养、设施农业、水果采摘、有机蔬菜等农业观光项目融入园区,形成有机统一体,为不同需求的游客提供多种选择。

建筑服务区占地 14.2 亩,主要是智能温室和接待中心。智能温室用于种植南方植物,采用无土栽培、滴灌等设施农业新技术形成立体化、实验室化的温室场景,向游客展示科学的力量,增加游客的科普知识。游客可对特色蔬菜、水果、花卉进行采摘和购买。接待中心作为餐厅和会所,提供休息场所。

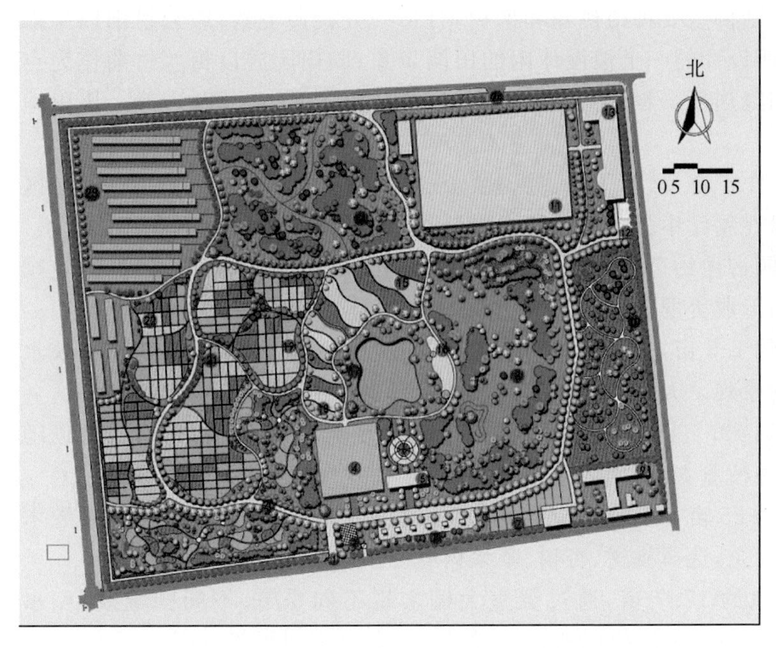

1 主入口
2 停车场
3 忆农桑
4 生态餐厅
5 服务建筑
6 烧烤区
7 有机蔬菜
8 疏林草地
9 管理用房
10 品香乐园
11 跑马场
12 停车场
13 马厩
14 散养园
15 百花园
16 百药园
17 柳湖春泛
18 亲子乐园
19 伴花随柳
20 归田园居
21 耕云织雨
22 花晨月夕
23 设施农业
24 次入口

图 7.29 顺义生态园平面图

图 7.30 顺义生态园鸟瞰图

露天认养区占地49.6亩,分为四个部分。花晨月夕以农耕场景为主题,展示古时的农耕生活;伴花随柳主要种植桃花和柳树,打造一处桃源美景;织云耕雨以牛郎织女的故事为主题所设计的一个浪漫休闲的田园景象;归田园居以梅兰竹菊作为点缀,仿文人雅士的归隐居所。游客可以在这儿学习农耕文化,也可以认养一块田地耕种。

散养区占地约21.1亩,散养了鸡、鸭、鹅、兔、山羊、小粉猪等,游人可以进入园区与动物亲近,也可以在餐厅中品尝生态的肉制品和蛋类。

百药园和百花园占地约7.8亩。百药园用于种植、展示和出售药用植物;百花园大片种植各种花卉,形成美丽景观。

柳湖泛春占地约7.5亩,是全园唯一一处水景,自然的驳岸与树木、花卉相映水中,营造浪漫惬意的景观。大片的草地和缓坡湖岸提供了可以垂钓和野营的场所。

品香乐园占地约19.1亩,种植了梨、桃、香木瓜、樱桃、草莓等水果,游客可以随意摘取品尝。林下种植薰衣草,创造良好的景观。

疏林草地占地约25亩,大面积的草坪上点缀乔灌木,形成开阔的视野。乔灌木的选择上多以果树为主,选择桃树、杏树、苹果树等。

设施农业区占地约17.7亩,通过温室大棚实现不同季节、不同区域蔬菜、水果、植物的生长要求,可为餐厅提供所需蔬菜水果,也可提供游客采摘购买的蔬菜水果。

五、交通分析

该项目在原有的部分道路基础上进行规划,采用环形道路的形式作为园区一级道路(3 m)、二级道路(2 m)和三级道路(1.5 m)连接各景点。在园区的北侧、东侧和南侧修建工作人员专用道路(3 m),方便园区管理。

六、景观小品

该项目景观小品选用亲近自然的材料和形式,与农耕主题紧密结合,多使用木材和石材,烘托一种质朴的感觉。

案例十一:河北邯郸市漳河观光农业园

一、项目概述

该项目位于邯郸漳河园区,总体占地86亩,土地平整,气候宜人,有良好的自然条件和生态环境，非常适合农业休闲项目的发展。本设计综合了相关原则规范，旨在规划一个高品位的，具有足够接待能力的，可满足游览观光、餐饮住宿、科技示范、采摘体验等功能，具有农业特殊风光的观光农业园。

二、设计原则

1. 因地制宜

园区建设本着从地方实际出发，充分考虑其区域条件和交通条件，因地因时制宜，凸显区域特色，对园区资源进行综合开发的原则。规划过程中，结合现有的农业生产条件，并对周边区域相关产业的发展进行研究，合理定位，制定切实可行的规划目标。

2. 可持续发展

园区规划建设遵循生态经济学原理，以保护和改善生态环境为己任，充分利用资源、合理开发，尽量减少对自然环境的破坏，保持现代观光农业园内小区域生态环境的相对稳定，实现资源可持续发展。同时在布局上，保证功能区建设与自然环境协调一致，将生产区和观光林带、设施和露地、不同种植种类科学合理布局，并发挥各自特色，做到全面协调可持续发展。

3. 以人为本

规划设计应遵循理解人、尊重人、关心人的思想，紧紧把握游客的心理特征和行为特征，结合建筑、水体、地形、观赏植物、道路，通过适当的功能分区，采取多样化的设计手法，营造封闭性、半封闭性和开敞性的多样化小空间，为不同年龄、不同文化层次的游客提供各种娱乐活动场所；满足游客求新、求知、求健康、求和美的心理需求。

4. 景人合一

规划设计遵循自然优先的准则，以满足人的精神和文化需求为目标，注重人的生活质量的提高，并通过有效的规划和引导，使游人在亲近自然、欣赏自然、感受人文、体验风情、享受休闲、美食购物的旅游过程与服务过程中体验到身心的愉悦。

5. 重在参与

强调度假游客的参与性、娱乐性、舒适性，让人们充分感受面向未来的现代化健康疗养的新理念。

三、功能定位

规划依据项目承担主体及社会参与主体、区位环境主题对观光园建设和发展的需求、观光园总体目标实现要求及领域分析与选择的最终结果,在广泛借鉴国内外都市型现代观光农业园在生产、科普、休闲、旅游、景观等功能定位方面的经验,确定观光园的功能定位为“设施园艺生产与现代休闲旅游的融合”,并满足生产功能、生态保护与科普教育功能、农业旅游与文化传承功能、休闲体验功能。

园区分为六个区域,观赏果林区、科技示范区、休闲体验区、大地花圃区、生态水景区和餐饮住宿区。

四、总体布局

项目分为“田园之乐”和“田园之光”两个部分。“田园之乐”位于园区东侧,以住宿餐饮为主题;“田园之光”主要分布在园区西侧,以科技观光为主题。园中沿主路规划了一条健身道,满足人们的锻炼需求。其中采摘农园与大地花圃为观光农业园的一大特色,形成独具韵味的风光。本设计方案大胆地综合了相关的设计内容,尽可能完整舒适地满足人们的使用需求,使该项目不同于目前纯粹的采摘园、农家乐以及度假村,使其被赋予了更加丰富的内容和文化因素(图 7.31、7.32)。

景观总平面

1.入口广场
2.停车场
3.景观廊架
4.景观树
5.观赏花卉
6.滨水广场
7.湖心岛
8.栈道
9.垂钓
10.网球场
11.篮球场
12.水榭
13.观赏果林
14.健身步道
15.日光温室
16.观赏蔬菜
17.景亭
18.题名景石
19.主题酒店
20.农家院

图 7.31　漳河观光农业园平面图

图 7.32　漳河观光农业园鸟瞰图

五、植物规划

(1)主要乔木　椿、白毛杨、垂柳、刺槐、桑、枣树、泡桐、皂荚、合欢、核桃、国槐。

(2)主要灌木　紫叶桃、杏、西府海棠、紫叶李、梨、碧桃、柿树、木槿、月季、石榴、榆叶梅。

(3)主要草木　金银花、向日葵、油菜、芦苇、小麦、波斯菊、薰衣草、荷花、蜀葵。

六、建筑小品

主要建筑为园区东部的农家院，仿北方农家四合院布置，并配以相应的设施，供游客品茶下棋所用。在水边建水榭与码头，在西南部设计亭子，供游客游览休息赏景。小品借助乡村意向将矮墙、篱笆、水井、风车、石磨、水车等以艺术手法表现出来，展现了农业特色。

案例十二:云南大理永平大坪坦有机茶生态农业庄园

一、项目概述

大坪坦村海拔 2400～2600 m,森林覆盖率达到 85%以上,年均降雨量1500 mm,属于半原始生态区,是一个典型的高寒冷凉的山区村。全村人口 286 户,1165 人,大坪坦人民勤劳、民风朴实,以生产茶叶为生。大坪坦村生态茶园建于云南省大理市永平县大坪坦村内,拥有良好的生态环境和自然资源。

二、总体规划

大坪坦有机茶生态农业庄园总面积 86968 亩。拟建有机茶园 16000 亩、有机蔬菜 260 亩、核心区 1360 亩,打造有机庄园文化,结合观光农业发展生态旅游(图 7.33)。

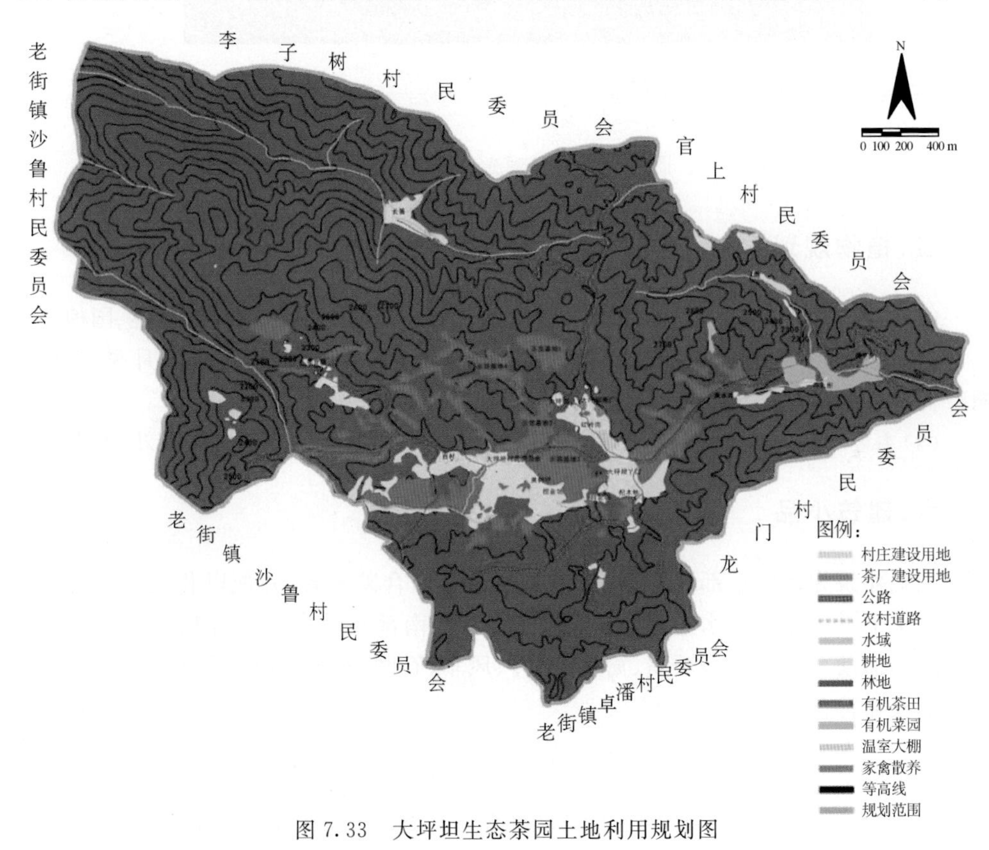

图 7.33 大坪坦生态茶园土地利用规划图

1. 有机茶园

现有生态茶园 16000 亩，计划将其转换为有机茶园。在转换期间，按有机茶标准的要求进行有机种植，不使用任何禁止使用的物质。其中选择四块较集中的茶园作为有机茶示范基地，面积有 1500 亩。

2. 有机蔬菜园

打造有机蔬菜精品种植园，突出精品，引进开发高档蔬菜品种积极开发时尚健康野生蔬菜品种，适当兼顾常规蔬菜品种。选择抗病性抗逆性强、品质口感好的优良新品种，合理搭配品种和播种期，充分体现时鲜蔬菜分批供应，充分展示有机蔬菜精品。规划种植露天有机蔬菜 200 亩，温室大棚 60 亩。

3. 核心区

考虑到庄园旅游休闲观光的需求，对核心区按园林景观设计布局，集生态观赏休闲旅游和茶叶采摘、加工、展示、销售为一体，总规划面积 1360 亩。

(1)休闲服务区　位于茶园滨水区域，并集餐饮住宿、商贸洽谈、茶事活动、茶品选购、休闲娱乐于一体，呈现丰富多样的园林形式，规划面积 100 亩。

(2)采摘体验区　游客可以在该区域内体验采摘茶叶的乐趣，规划面积 36 亩。

(3)专业生产区　为了保证茶叶的健康安全绿色生产，园内划分出专门用于茶叶的生产的区域，只允许专门负责生产的茶农进入，规划面积 520 亩。

(4)生产加工区　本区选址在永平县大坪坦茶厂原厂区内，呈长方形布置，南北长 134 m，东西宽 98 m，占地面积约 20 亩。厂区地势平坦，建设条件较好。厂区主入口位于厂区北侧，西北侧为检测中心与管理用房、东侧为茶加工车间、中央建有外销茶仓库、整理车间、拼配包装车间、东北侧为茶叶晒场。在厂区西侧建有停车房、消防水池，使厂区拥有一个良好的生产环境。

(5)家禽散养区　利用果树林下及茶田自然生态环境放养土鸡，食物来源于林下及茶田里的虫、草，添加部分谷物类粮食。规划家禽散养区面积 110 亩。

(6)中草药种植区　规划种植以灵芝、重楼为主的各种中药材 120 亩。

(7)风景林防护区　茶园每隔一段距离就有一片风景林作为天然生态屏障，丰富园内景观类型，构成茶田景观的天然背景。

三、景观设计

大坪坦有机茶生态农业庄园总平面布置以茶文化与地域民俗文化为设计主题，运用茶和其他园林植物作绿化，并通过增设一些园林建筑、小品纳入庄园的观光旅游项目的整体设计当中，使得人工景观和自然景观融为一体，为游客提供一个生态绿色的体验环境,形成独具地域民俗特色的生态休闲庄园(图 7.34)。

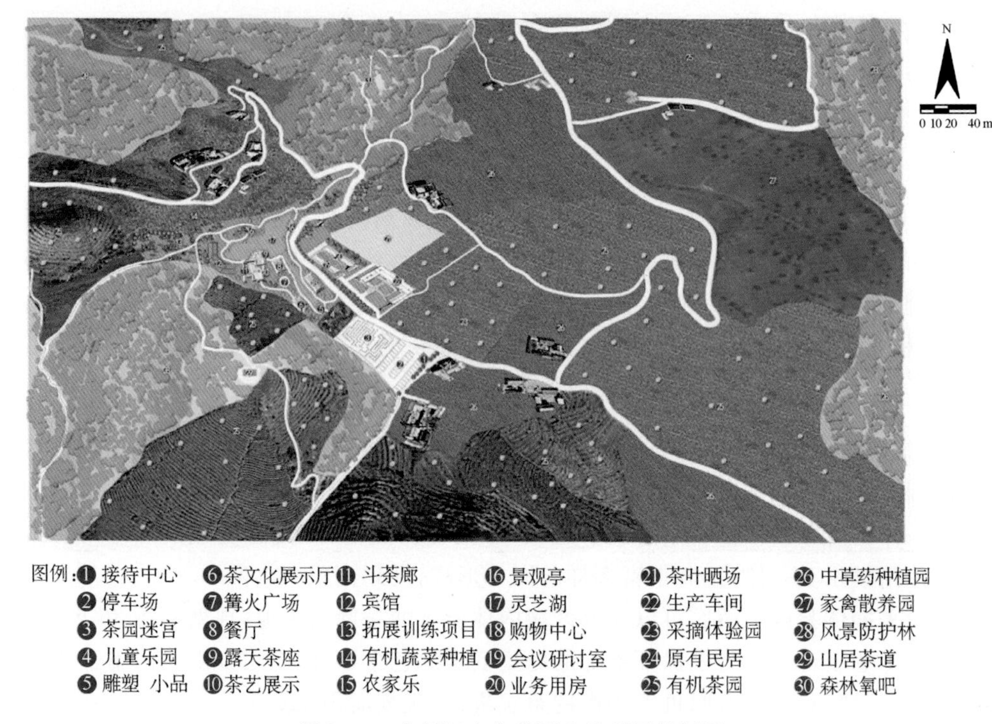

图 7.34 大坪坦生态茶园土地利用规划图

1. 接待中心

停车场旁修建游客接待中心,用于旅游服务咨询,各种旅游手册出售,旅游投诉受理,旅游注意事项咨询,景区门票销售,导游讲解服务等。

2. 儿童娱乐

考虑到少年儿童爱玩的天性,将靠近停车场旁的一片茶园改造成茶树迷宫。这种迷宫是“软质的”,到处透着大自然的气息,不像那种硬质的水泥墙迷宫,给人的感觉只有生硬与死板。儿童在里面穿梭游戏的同时,潜移默化地对茶树有了更多的观察与认识,寓教于乐,其乐融融。此外,紧挨着茶树迷宫(图 7.35)还设置一些滑梯等儿童较喜欢的游乐设施(图 7.36),满足游玩需求。

3. 灵芝湖

随着人们健康意识的加强,养生观念已经深入人心。大坪坦茶厂抓住养生茶这一市场,推出养生灵芝茶。因此,水景设计之初,在充分查看场地地形的基础上,紧密结合产品的营销推广,将水体的外形设计成灵芝形,同时取灵芝象征吉祥如意、健康长寿之意。游人在水边以及山顶游玩之时，看到灵芝形的水体，无形之中加深了对灵芝茶的印象，激发其购买欲望。

图 7.35　迷宫

图 7.36　儿童乐园

4. 茶文化展示厅

该展示厅主要用于对品牌、茶具、制茶器械、茶叶等的展示。品牌展示重点对大坪坦有机茶进行介绍，让游客买着放心、喝着安心。茶具展示涵盖古朴大方的古代茶具，时尚美丽的当代茶具，还有那些匠心独具、内涵丰富的茶道用品及创意设计作品。制茶器械凝结着劳动人民的汗水与智慧，在参观的同时部分简单的茶机还可以让游客试用，增强参与性与趣味性。茶叶的种类繁多，在成汤前一般人很难分辨出具体是哪种茶叶，因此，在展示厅内，将各类茶叶的样品作比较展示，可以让游客更深层次地了解茶叶常识。

5. 篝火广场

该庄园所在范围内有汉、回、白、彝等民族，其中汉族和彝族人口较多一些，彝族人民能歌善舞，热情好客，为体现彝族文化，特在核心区设置一处篝火广场，游客在此可点篝火、唱彝歌、跳彝舞，体验原汁原味的彝族风情。

6. 餐厅

茶不仅可以喝，还可以吃。所谓吃茶叶，就是将茶作为主料或配料来佐菜，制成一道道风味独特、营养丰富的茶菜。随着生活的改善，吃惯了大鱼大肉的人们，对饮食越来越挑剔，不仅口感要好，健康和养生已成为必不可少的因素。而以茶为佐料制作的茶食无疑是美味与健康的完美结合。为此该餐厅除了常规的饮食外，还提供茶菜肴、茶粥饭、茶点等与茶有关的特色食品。

7. 滨水茶室

茶艺馆是茶艺体现的专门场所，茶艺馆里不但有有关茶艺的内容介绍，还有生动优雅的茶艺表演。茶室中也很注重文化的应用。例如,在茶室内部的墙体上悬挂与茶有关的名人字画,在柱子上挂有与茶相关的对联,这些都体现的是茶文化中的中国传统诗词歌赋。湖边设有露天茶座,游人在此可边品茶边欣赏优美的水景。斗茶廊为斗茶爱好者提供理想的比赛场地,比赛内容包括茶叶的色相与芳香度、茶汤香醇度,茶具的优劣、煮水火候的缓急等。

8. 拓展训练

核心区开辟出一块场地用来开展拓展训练项目,游客在游玩之时,不仅可以锻炼身体素质,还可以提高自身毅力和增强团队合作精神。

9. 山居茶道

在茶事活动中融入哲理、伦理、道德,通过品茗来修身养性、陶冶情操、品味人生、参禅悟道,达到精神上的享受和心灵上的净化,这就是中国饮茶的最高境界——茶道。大坪坦茶厂对面的山顶之上有块平地,用来修建一茶室,命名为"山居茶道",游人在此不仅能欣赏到风景优美的梯田茶山,还可以参悟"和、静、怡、真"的中国茶道四谛。

10. 观光采摘

将大坪坦茶厂旁的那片茶园开辟为观光采摘园。游客可以在当地茶农的指引帮助下体验采摘茶叶的乐趣,感受农村生活,放松心灵、亲近自然。在茶园的日常管理过程中,也可以为游客提供整枝、修剪、防治病虫害等体验性活动,让游客学到茶叶生产技术的科普知识,尽可能满足游客的各种需要。

11. 有机茶园

在发展茶叶生产的同时,在茶园内种植大量云南樱花作为覆荫树,樱花绽放之时,与一片片梯形茶园相映成趣,为大平坦村增加一道亮丽的风景线,成为独具特色的有机茶园,吸引赏花品茶的游客纷至沓来。幼树和未封行的茶园行间可套种绿肥花生、大豆、肥田萝卜等矮秆作物;茶田边缘种植可用箭筈豌豆、苕子等作物。

12. 家禽散养

利用林下土地资源和林荫优势进行养鸡,在提高了果树、鸡蛋附加值的同时,也建立起蛋鸡与果林互促互利的良性循环。另外,在茶田里放养山鸡既可以为茶树除虫,确保茶园不用打农药,从而保证有机茶叶质量,同时也节约了茶叶种植成本。还有,茶园也为山鸡提供了良好的生长环境,比如开阔的场地,丰富的天然食物。

13. 森林氧吧

森林氧吧的开发建设追求“原汁原味、返璞归真”的理念，以高含量的森林空气负氧离子和植物精气等生态因子为特色，辅以各类简约、朴素且与环境格调相一致的游憩设施，将运动健身、休闲旅游与自然山水巧妙融合，强调人与自然的和谐和对生态环境、旅游资源的保护。遍布氧吧内的康体、休闲游乐设施可以使游客在与大自然亲密接触之余，感受一份山野的灵气，体会一股发自内心深处的宁静与祥和，感悟生命与自然的和谐统一。

四、植物规划

在茶园，绿化树种主要选择三角梅、山茶花、杜鹃花、桂花树、香樟、柳树、木瓜、芦竹、菖蒲、睡莲等。

五、道路系统

道路系统的设置，既要便于车辆通行和田间管理，又要有利于水土保持，且少占耕地面积。在设计道路系统时，以茶厂为中心。从茶厂到各区、片、块的茶园，有道路相通。道路系统包括干道、支道、步道和地头道。建成后的道路网要做到块块相连，路路相通。

一级道路：是整个茶场的交通要道，以它来连接庄园内部各作业区，并和庄园外公路相通。道路的宽度 5 m，在道路两旁，应种植行道树，两侧开设排灌沟渠。

二级道路：是园内运输、耕耘、采摘等机具运行的道路，供区内连接各片茶园之用，与一级道路交接。一般路宽 3 m，能容一辆车通行。

游步道：是从二级道路通向各块茶园的道路，同时也是游客散步赏景之路。路面宽 2 m。

工作人员专用道路：是茶叶生产区内部专门为茶农和技术人员提供耕作、采摘等生产出入的茶畦道路。其宽度仅容一人通过就行，按 0.3～0.6 m 进行设计，即大致为常规茶畦的间距。

六、灌溉系统

茶树对水分的需求量大，在生长季节，必须及时适量地满足茶树对水分的需求才能使其正常生长和发育。据研究，茶树年耗水量约 1300 mm，其中 3—10 月份生长季节约耗水 1000 mm，约占全年耗水量的 77%，7—8 月份耗水量约占全年的 30%以上，而茶树休眠期的 12 月至次年 2 月每月仅耗水 50 mm。茶树生长需要水分，在自然条件下主要靠降水供给。为促进茶叶优质、高产、高效，茶园需要采用一定的灌溉技术来满足茶树在不同月份对水分生长需求。

人工灌溉主要是在茶园建设蓄、排、灌水系统，在茶园梯坎内侧设浅蓄水沟，让地表径流缓慢渗入土壤，沿道路或地形建长藤结瓜式蓄水池，以便浇灌；根据地形地势或利用自然溪沟设置排水沟，在茶园上方开防洪沟，拦截山洪，引入排洪沟。做好茶园排蓄水系统设置，在茶园周围空旷地或田林交界处挖蓄水池或蓄水坑，提高茶园抗旱保水能力。一般每 3～5 亩建设一个 2 m^3 的水池或水坑。

机械灌溉主要由水源、输水渠系、水泵、动力、压力输水管道及喷头等部分组成。水源主要采用建设蓄水池引来山泉水，也有一部分是用抽水机从山下抽上来的。在每处田埂头布置水管，水管每间隔 3～4 m 的地方就安装一个喷头，喷头通常以工作压力、喷水量、射程、平均喷灌强度、喷灌均匀度、水滴直径(即雾化程度)和自转速度等指标来选择。在茶园喷灌中，采用低压喷头(近射程)和中压喷头(中射程)，其中应用得较多是旋转式的摇臂喷头。

七、环境保护

项目区环山植被茂密，森林覆盖率达 85%以上。项目规划建设本着保护自然生态环境，不破坏一草一木，切实保护好环山森林环境；在茶树栽培和茶叶加工管理过程中，推行以改善和保护生态环境为前提，以农业防治为基础，以生物防治为手段的科学应用高效、低毒、低残留农药，茶叶采制过程严防二道污染，实现茶叶的优质、安全、无害化生产；对园区内原有果树，采取高枝嫁接进行改造；园区道路结合景观打造进行绿化；通过提高园区绿色覆盖和工程治理，防止水土流失。

对于有机污染物的治理，一是结合生态养殖，建设 4000 m^3 畜禽粪便处理发酵坑和 600 m^3 沼气发酵池，对畜禽粪便进行无害化处理，变废为宝，为有机种植园提供优质肥源，形成有机物循环利用模式；二是针对田间废弃物、枯枝落叶所形成的有机污染物，建田间发酵池进行无害化处理；三是在道路两旁及生活区设立垃圾桶，对生活固体废弃物实施规范化管理，根据建设部和环保部出台的《城市生活垃圾分类方法及评价标准》和环境保护要求，进行垃圾的分类、收集、清理。

为防止水质污染，将在景观水体中投放鱼苗，采取自然养殖，不投放饲料，并控制好养殖密度；浅水区种植水生植物，打造湿地，确保水质清澈。生产中少量冲洗用的废水含有悬浮性杂质及有机物，废水经沉淀处理后排放。生活污水汇集后经化粪池初步处理，排入污水管网。

为防止空气污染，园区耕作管理，不使用大型农业机械，以传统农耕为主，辅以小型农机具。严格控制废气物体排放和灰尘污染，保持空气清新。

案例十三：第三届北京农业嘉年华

一、背景分析

1. 意义

农业嘉年华是以农业主题情景为背景，以现代都市健康休闲、娱乐、狂欢活动为农业体验模式的大型主题活动，是建立在现代物质与精神需求、丰富都市健康生活情趣、展示现代农业科技、传承农耕文化、展望未来农业发展的具有时代特征的创新、创意、创造性的多功能农业新型模式。

2. 目的

通过北京农业嘉年华的开展，引领我国新型农业发展方向和市场导向，全面展示都市型现代农业新成果，打造创新农业新品牌，实现三大产业的相互融合。积极引入国内外先进的农业发展方式，结合京津冀的特色优势农产品，通过盛会提高品牌意识和宣传力度，从而持续推动现代农业的大发展。以服务市民为核心，围绕市民关心的食品安全、健康、家庭农业等问题，倡导健康生活理念，提高农业在市民心中的认同感，让农业主题盛会服务市民的理念真正走进市民心中。

3. 背景

昌平区在成功举办了第七届世界草莓大会的基础上，利用大会现有场馆又成功举办两届北京农业嘉年华。北京农业嘉年华受到了广大首都市民的高度评价，已经成为北京都市农业的一张绚丽“名片”，引起了国内外的广泛关注和效仿，对推动我国都市农业的创新发展，丰富城乡居民的休闲文化生活，促进农业科技进步，打造美丽中国起到了很好的示范和带动作用。

二、办会突破

第三届北京农业嘉年华在以下方面有新的突破：

(1)活动运营模式采取企业化运作，建议成立主体运营公司，承担起北京农业嘉年华活动的举办和草莓博览园的日常管理；将草莓博览园作为北京农业嘉年华活动品牌的固定举办场所。

(2)充分发挥市场机制作用，通过市场开发，广泛吸收企业和社会力量参与嘉年华活动，比往届要加大招商招展、票务推广、广告宣传、企业赞助等多种形式的实施力度，减少政府投资数额。

(3)促进京津冀协同发展,举办天津、河北优质农产品展销,主题日活动,专题馆展示,文化民俗推介等。

(4)结合首都功能定位,利用科技创新中心资源优势,比往届更充分展示科技创新成果。

(5)创意文化更突出,互动体验活动更充分,参与性更高,趣味性更强。

(6)贯彻节俭办会的精神,充分利用原有设施设备,活动运营上实行精细化管理,比上届减少投资20%左右。

三、基本情况

1. 指导思想

第三届北京农业嘉年华以科学发展观为指导,以市场为导向,与首都功能定位相结合,瞄准现代国际农业发展方向,秉承城乡融合发展理念,以现代农业科技装备和科学技术为支撑,以农业创意为手段,以互动体验为抓手,以"惠民、兴业、创品牌"为办会目标,诠释"农业用生态方式传递文化、农业用生活方式诠释乡愁、农业用生产方式满足消费"的深刻内涵,丰富市民观光休闲活动内容,大力推动资源节约型都市农业前进,全面协调京津冀的共同发展,服务"三农"促进农民增收,使农业更好地服务首都、更好地满足广大消费者的生活需求,打造北京都市农业品牌。

2. 活动目标

第三届北京嘉年华的活动目标是"延续往届、带动产业、创新模式、展示成果",具体体现在以下三方面:

(1)惠民　进一步丰富市民都市农业文化生活,开拓观光、休闲、旅游项目,满足市民多层面消费需求;以农业嘉年华为契机,通过农业科普知识宣传,进一步提升广大市民的农业科技水平;通过涉农企业参与,农业科技信息交流,进一步拓宽农业产业化渠道,增加农民就业增收;市民通过参加活动,进一步了解认识无公害、绿色、有机农产品,从而提高食品安全意识。

(2)兴业　继续扩大以草莓产业为主导的都市农业产业链,从而推动农民专业合作社、家庭农场的建设,拓展农业发展方式;促进与都市农业关系紧密的农产品加工、仓储、物流、物联网等行业发展;吸引国内外农业科技企业关注,加强行业间的合作,进一步促进国家现代农业科技园区的建设。

(3)创品牌　提升"北京农业嘉年华"都市农业的第一品牌价值,打造特色城市名片文化品牌;展示具有农业自主知识产权的品种,应用农业创新技术,培育区域农产品特色品牌;以北京农业嘉年华为中心,辐射全市乃至全国的国际精品农业旅游会展品牌。

3. 活动主题

“自然”:是和农业最贴近的一个词,农业是人与自然和谐的产业,农业嘉年华就是要让北京市民亲近自然,享受自然。“融合”:农业是融合型产业,不仅是一、二、三产融合,还包括市民与农民、农村与城市的融合,农业嘉年华要成为融合农业的第一品牌。“参与”:进一步开发农业功能,让更多的消费者了解并参与农业实践,享受其中的文化成果,调动全市企业、商业机构参与北京农业嘉年华的积极性,吸引社会各界关注、支持、参与农业嘉年华。“共享”:生产者与消费者共享多功能农业带来的物质及精神的丰硕成果,是农业嘉年华的核心含义。

四、整体规划

场馆分为“三馆”“两园”“一带”。“三馆”包括农业精品馆、农业创意馆和农业体验馆;“两园”包括主题狂欢乐园和农事体验乐园;“一带”指草莓休闲观光采摘带(图 7.37)。

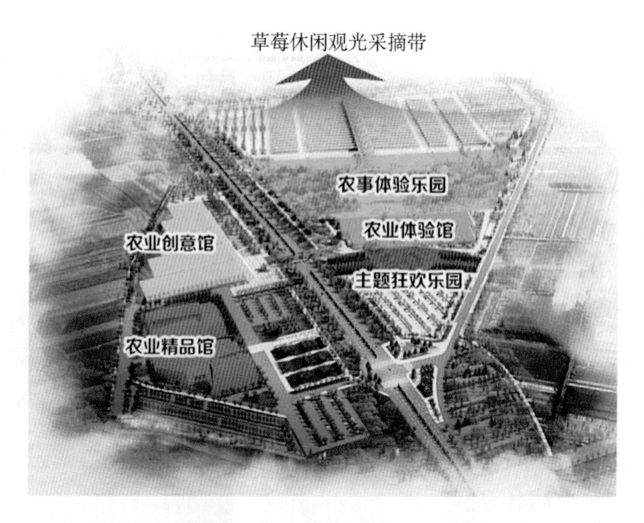

图 7.37　第三届北京农业嘉年华功能分区图

1. 农业精品馆

农业精品馆位于草莓博览园西侧展示中心,场馆展示面积 3000 m^2,本馆以北京国际优质农产品展销为主,也用于举办天津、河北两地特色农产品展销及农业园区展示主题展;同时,为北京各区县及津冀两地搭建休闲农业推介平台。农业精品馆共设有两种不同规格展位共计 88 个。

2. 农业创意馆

农业创意馆位于草莓博览园的西区连栋温室,占地面积 26000 m^2。以花卉、蔬菜及天津、河北、台湾农业元素与文化等为主要内容,利用艺术创意表现形式,打造诸多新奇特景观,分为花韵北京、蔬情画意、台湾浓情、金玉粮源(优先考虑河北专馆)、江山多椒(优先考虑天津专馆)以及文化长廊六大部分。

3. 农业体验馆

本区位于草莓博览园东区,占地面积 18652 m^2,由欢声笑鱼(图 7.38)、蜜境先锋(图 7.39)、莓丽田园(图 7.40)、莓好生活(图 7.41)四大特色主题展馆组成。鱼、蜜蜂两馆以互动体验为主线,游客在娱乐、游玩的同时收获知识、体验科学技术;草莓两馆讲述了现代化草莓培育技术、新品种等,利用艺术的表现形式,打造各式各样草莓景观。在农业体验馆里游客既了解了相关科普知识,又可以参与有趣的互动娱乐项目,寓教于乐,丰富多彩。

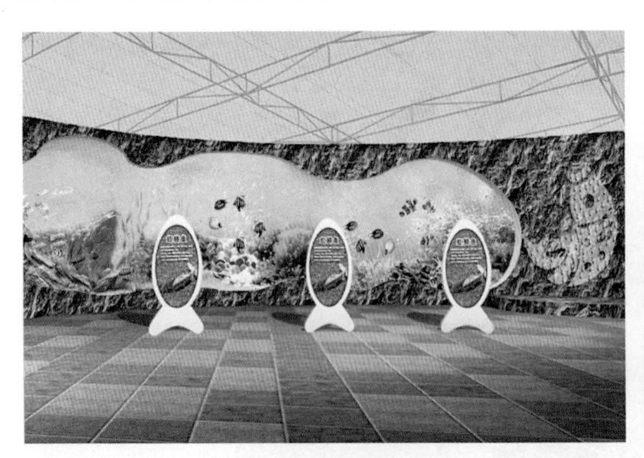

图 7.38　欢声笑鱼

图 7.39　蜜境先锋

图 7.40　莓丽田园

图 7.41　莓好生活

4. 激情狂欢乐园

激情狂欢乐园位于东区广场，将在同期举办开（闭）幕式、农业嘉年华主题日活动、果蔬盛会大游行、农事运动会、魔幻魔术秀、“京郊如此多娇”等多项特色主题活动。借助农业嘉年华平台，天津、河北可利用该广场举办主题日活动，组织相关部门、单位推介特色农产品、休闲农业、民俗旅游、特色文化演出等。同时丰富了市民的观赏性与参与度，打造真正的全民参与的狂欢乐园。

5. 农事体验乐园

乐园位于东区日光温室区（占地面积约 10000 m^2）及集雨湖两侧绿地，以娱乐采摘为主，大型娱乐互动设施为辅，打造及采摘、农事体验于一体的大型休闲场所。

6. 草莓休闲观光采摘带

第三届北京农业嘉年华，以拉动昌平草莓休闲观光采摘带发展作为活动的一个重要指导思想：重点培育 30 家精品采摘园，带动周边万栋采摘大棚共同发展，合作共赢，通过嘉年华的平台，将周边草莓采摘园连接起来。活动主要围绕家庭、社区展开，主打亲情线。

案例十四：广西玉林农业嘉年华

一、项目概况

广西玉林农业嘉年华项目位于广西玉林市玉东新区蓁蓁有机观光农业园内。具有依托自然型和依托城市型的双重优势，玉东新区功能定位为田园城市，远期人口规模 42 万。广西玉林市政府全面主抓当地农业及产业发展，政府目的是在此打造广西第一观光农业园。园区定位是都市型现代农业，旨在承载科技展示、休闲观光、互动体验、科普教育、产业拓展、技术推广、搭建技术、展销平台等功能以达到推动区域农业产业规划，带动周边农业产业升级、促进都市现代型农业发展之目的。

二、项目场地

园区位于玉林市东北部的玉东新区，为玉林市与北流市地理中心，由玉北大道连接玉林市区和北流市区。依托良好的用地条件、产业支撑和特殊的区位，是玉林市现代化农业发展、乡村旅游及城乡统筹规划的重要区域。玉林农业嘉年华位于玉东新区茂林镇鹿塘村蓁蓁有机观光农业园内，共有 4 个温室组成，总面积 30067 m^2。其中每个温室面积 7372 m^2(规格为 154.3 m×48.1 m),封闭式连廊 5187 m^2,开放式连廊 2245 m^2。

三、指导思想

以市场为导向,以现代科技装备和科学技术为支撑,以都市型现代农业体系和经营形式为载体,坚持"聚人气、拓产业、搭平台"的办会目标,引领都市型现代农业发展,提升农业多元发展空间,促进农民就业增收,使农业更好地满足广大消费者的生活需求。

四、设计定位

通过农业嘉年华模式,以农业科技为技术依托,通过农业、文化、创新相结合,利用农业休闲体验与示范博览的形式,创建品牌效应、增加农产品附加值,创建现代都市农业发展新模式,发挥其科技示范、休闲观光、互动体验、产业拓展、企业孵化等功能。

聚人气:通过农业最新科技品种技术集成,农业艺术化设计,参与性活动策划,进行品牌营销,作为广西农业活动的一张名片吸引市民参与。

拓产业:拓展都市型现代农业实现形式、发展方式、运行模式,坚持城乡融合发展,拓展都市农业产业形式,促进产业升级,提高农产品附加值,增加农民收入。

搭平台:搭建玉林农产品销售平台、综合性展示平台、市场推广平台、科技展示平台、产业孵化平台。

五、活动概况

1. 场馆主题突出

本场馆设计内容所包括的 4 个板块功能明确,与园区整体规划有机地融为一体。场馆内部设计内容分别以新奇特瓜果、高科技蔬菜栽培、农耕文化的五谷展示和规模化高效生产为主题,涵盖了趣味休闲农业、科技农业、农耕文化、教育体验等方面,展现出不一样的农艺景观。

2. 活动全面创新

本次嘉年华精心策划活动方案,结合玉林农耕文化,确保活动全面创新,按照"科技性、趣味性、知识性、参与性、创新性"的设计理念,设计方案理念创新、紧扣主题、可操作性强。

3. 引领产业升级

拓展嘉年华活动时间，把农业嘉年华参观时间拓展到一年两次的荔枝节、石斛节，其中包括观光休闲、体验采摘等活动，并向当地农户的种植园延伸，促进当地林果产业提升发展，为农民带来效益。

通过策划种植体验、家庭园艺资材售卖、种植技术推广、现榨蔬菜汁等活动，提高游客的参与性，使游客更加了解农业，感受感受农业嘉年华的乐趣。

六、场馆设计

设计以发展农业观光、促进都市农业发展为方向，推动休闲农业产业升级、打造科技引领、搭建技术平台、创建品牌效应。设计分区板块功能明确，利用种植展示与景观设计有机地融为一体。场馆内部主题明确，分别以瓜果、科技栽培、五谷、高效栽培为主题，涵盖了农业与我们日常生活中最贴近的方面，展现不一样的农艺景观。考虑老、中、青、少等不同年龄段，有针对性地开展互动体验活动。场馆的体验活动主要面向青少年，培养其开拓创新的精神；五谷互动乐园主要面向中老年人，静心养德、怡然自乐。场馆还搭建销售和展示平台，促进农民增收、开拓农业相关产业的发展。

平面布局采用春、夏、秋、冬四季、四色进行空间布局。场馆主要突出展示农业的科技(高效、高产)、趣味(新、奇、特)、休闲、展销(产品、展销)、互动、体验(农业、趣味、体验)。

农艺高科场馆以科技栽培为主题，通过管道、雾培等多种高科技栽培方式种植蔬菜，并以此为基础进行造型，展示丰富的蔬菜景观。场馆内设置丰富的蔬菜景观和互动活动，给游客以新奇的体验。馆内运用先进栽培技术 30 余种，蔬菜品种共 40 余种。

七、种植模式

种植模式主要采用多层展示塔、墙体栽培、地式水培箱栽培、燕尾箱栽培、立柱栽培、高空管道基质栽培、A 字架基质培、A 字架雾培、深液流水培、低段管道栽培、螺旋组合景观栽培、螺旋管道栽培。

多层展示塔：采用立体栽培基质槽形式种植蔬菜，可达到高效、多层次的立体效果。

墙体栽培：采用特制高密度泡沫板制成“栽培墙板”，在栽培墙板间填充有利于根系生长和吸收水肥的“基质体”。蔬菜在特定的定植杯中培育。可通过栽培墙内设钢管骨架，形成双面或垂直多面的栽培设施。

地式水培箱栽培：地式水培箱可直接放在园艺地布之上，不需要使用钢架，造价低廉，种植效果好，可根据种植品种不同有选择性地开孔，适宜种植多种蔬菜。

燕尾箱栽培：以固体基质为载体来固定作物根系，并为作物生长提供良好的根部环境和均衡的营养,是作物生长和产量、品质更好更高的栽培模式。可栽植品种:番茄、彩椒等。

立柱栽培:立柱栽培多采用基质栽培的方式,适合种植一些矮生的叶菜类蔬菜,将空间利用率最大化,提高单位面积产量等优点;采摘较为便捷,可以进行多种布局方式进行放置以满足采摘园所需的趣味性和规模化生产所需要的产量化;节省空间,单柱产量高。

高空管道基质栽培:高空管道基质栽培充分利用高层空间,在主路上空架设高空管道,有平式和半弧式两种形式,管道种植多彩辣椒等需光性较强的果菜类蔬菜。在美化景观的基础上,也有一定的围合造景空间。

A字架基质培:这种栽培模式的优势是把基质栽培也实现立体化种植,因为大部分瓜果蔬菜一般都采用基质栽培,叶菜采用水培,采用这种A型基质栽培架实现了立体栽培,适合具有这种技术和品种需求的场合生产使用(图7.42)。

A字架雾培:雾培不用固体基质,而是直接将营养液喷雾到植物根系上,供给其所需的营养和氧。通常用泡沫塑料板制的容器,在板上打孔,栽入植物,茎和叶露在板孔上面,根系悬挂在下空间的暗处。营养液循环利用,但营养液中肥料的溶解度应高,且要求喷出的雾滴极细。

深液流水培:深液流技术(DFT)是指植株根系生长在较为深厚并且是流动的营养液层的一种水培技术。它是最早开发成可以进行农作物商品生产的无土栽培技术。在其发展过程中,世界各国对其做了不少改进,是一种有效实用,具有竞争力的水培生产类型(图7.43)。

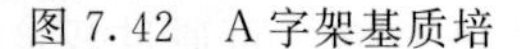

图7.42　A字架基质培

图7.43　深液流水培

低段管道栽培:管道式无土栽培装置是由植物栽培室、营养液水池、自动定时供水器、上水及回水管道组成。它具有建设容易、管理方便、环境洁净、病虫害易控制的优点,所以它在生产上被广泛地运用于叶菜类小型蔬菜生产。

螺旋组合景观栽培:是一种新型栽培方式。在其发展过程中,世界各国对其做了不少改进,易于随意组合,是一种实用性及观赏性兼具的栽培形式。

螺旋管道栽培:是一种新型栽培方式。可充分利用空间,造型美观,是实用性观赏性兼具的栽培形式(图 7.44)。

图 7.44　螺旋管道栽培

资料提供:中国农业大学富通公司　北京中农富通园艺有限公司

案例十五:安徽和县农业嘉年华

一、项目概况

和县是一个传统的蔬菜生产大县,素有“长江中下游最大的菜园子”之美称,且已连续举办 7 届菜博会,其中近期连续 3 届在台创园内举行,均取得了很好的经济和社会效益。为进一步推动现代休闲农业与传统农业的融合,推动和县农业发展,让都市农业炫亮当地及周边城市市民生活,提升和县城市美誉度、知名度和影响力,特举办和县农业嘉年华。

二、指导思想

秉承地域性、科技性、参与性和创新性相融合的原则,以现代农业体系为载体,展现和县特有的历史文化风情,展示现代农业科技发展成果,打造新颖的农业盛世景观,突出嘉年华的狂欢乐趣,推动当地农业发展,也满足消费者需求。

三、项目规划

项目规划包括海峡大道北侧园区内 3 栋连栋玻璃温室共 11000 m^2 和温室周

边露地 13000 m^2(其中果园约 5000 m^2)的具体内容策划,以及海峡大道南侧已建两个农业休闲园区的参观游览引导策划。项目区域以海峡大道为界,分为创意农业体验区和观光休闲区。其中,创意农业体验区是项目策划的中心区域,集科技示范、休闲体验、售买互动等多功能于一体。观光休闲区主要承载农业观光、企业孵化的功能。

四、功能分区

1. 创意农业体验区

包括台创园休闲农业区海峡大道北侧的 3 个主题场馆 11000 m^2、周边露地约 8000 m^2 和果园约 5000 m^2。作为园区主要参观区域,以露地景观和温室科技景观栽培展示为主,是集中展现和县现代农业和创意农业结合的会展农业区。

创意农业体验区在原有场馆农业设施基础上进行利用、改造、创新,融合国内外农业科技理念,展示和县特色农业文化和蔬菜产业发展水平。将蔬菜栽培技术和特色品种进行艺术化设计、栽培模式创新,并增加特色体验活动,让游客体验生态、科技、动感、有趣的农业嘉年华活动。总体来说,主题场馆 3 个:农艺华章、蔬艺花苑、和美田园;露地景观 4 个:欢庆丰收、骏马奔腾、果蔬菜篮、林下种养。

农艺华章:本馆以家庭园艺样板间形式展示不同的园艺器材和技术在改善人们居室和办公环境、生产不同类型安全农产品,满足市民精神和物质生活需求上的应用。同时,设置展销让游客在大饱眼福的同时可以把喜欢的园艺资材带回家。

蔬艺花苑:本馆以各类特色叶菜和多种科技栽培方式为主体元素,打造"万山红遍,层林尽染;漫江碧透,百舸争流"的景象,寓意和县蔬菜产业如长江上乘风破浪勇往直前的大船蓬勃发展,营造一种壮阔震撼的气氛,让游客在游玩中感受现代科技农业带来的震撼。

和美田园:本馆以特色农作物和当地特色果蔬为主体元素,辅以展现和县特有历史文化风情的主题景观,打造如诗如画的田园风光,让游客在游玩中认识更多有趣的农作物和果蔬,了解和县的历史文化。

欢庆丰收:挂满玉米的农家牌楼,装满粮食的粮仓,盛装打扮载歌载舞的人们,用稻草打造的农家欢庆丰收的景观,无处不洋溢着热烈、欢乐的气氛。同时,也为游客展示了一种稻草或秸秆回收利用的途径。

骏马奔腾:起伏的地形上种满五彩的花菜和甘蓝,让人一眼望不见尽头。形态各异的骏马奔腾其间,让人顿生壮阔之感(图 7.45)。

果蔬菜篮:宽敞的菜地里放置装满果蔬的菜篮,既避免了平淡,给人眼前一亮的感觉,也让游客顿生拍照留念的冲动(图 7.46)。

图 7.45　骏马奔腾

图 7.46　果蔬菜篮

林下种养：果树下种植多年生牧草，果树旁河渠边养鸭鹅等，既为游客展示种养结合的经济模式，也可满足园内生产需求。

2. 观光休闲区

该区域位于台创园果蔬产业创新创业园区，该区域的台湾水果标准生产基地和花卉生产基地能很好地展现台创园内农业发展状况，对于周边农业的发展也起到了很好的科技示范作用。设置观光休闲活动能很好地吸引外部企业到台创园乃至和县投资发展(图 7.47、7.48)。

图 7.47　盆栽

图 7.48　小景

五、项目总结

和县农业嘉年华不仅仅带来了人气和影响力，而且还大大提升了和县及和县蔬菜的知名度、美誉度。除省内外农业部门前来业务交流、考察、学习外，各大旅行社也把和县各蔬菜基地列入了周边“一日游”重点线路进行规划实施。今后要把来和县休闲、旅游、观光和科普教育有机结合起来，使“和县一日游”逐步走向常态化。

参 考 文 献

博拉.2004.旅游与游憩规划设计手册[M].北京:中国建筑工业出版社:50-55.

曹明宏,雷海章.2001.国外实施农业可持续发展战略的经验与特点分析[J].农业环境与发展,(2):13-19.

陈从周,黄昌勇.2005.园林清议[M].江苏:江苏文艺出版社:30-39.

陈美云.2006.台湾休闲农业的成功经验及对大陆的启示[J].科技情报开发与经济,(2):8-12.

陈田.2005.休闲农业与乡村旅游发展[M].北京:中国矿业大学出版社:16.

陈友.1998.节能温室大棚建造与管理[M].北京:中国农业出版社:89-94.

成升魁,徐增让,李琛.2005.休闲农业研究进展及其若干理论问题[J].旅游学刊,(5):9-11.

戴志中.2003.城市中介空间[M].南京:东南大学出版社:7-13.

党国印.1998.关于都市农业的若干认识问题[J].中国农村经济,(3):62-67.

邓涛.2007.旅游区景观设计原理[M].北京:中国建筑工业出版社:110-130.

丁海峰,单之卉.2007北京市民购物消费习惯调查分析[J].数据,(8):23-30.

丁忠明,孙敬水.2000.我国观光农业发展问题研究[J].中国农村经济,(12):2-6.

杜姗姗,蔡建明.2012.北京市观光农业园发展类型的探讨[J].中国农业大学学报,(1):4-6.

范子文.1998.观光、休闲农业的主要形式[J].世界农业,(01):25-26.

冯维波.2001.我国发展观光农业的生态经济学思考[J].生态经济,(4):8-14.

甘丽.2001.培育农村经济新的增长点[J].农村经济,(7):7-10.

高贤伟.2001.旅游农业理论与实践[M].北京:中国农业科技出版社:90-99.

郭焕成,刘军萍,王云才.2000.观光农业发展之研究[J].经济地理,(2):1-7.

郭焕成,吕明伟.2007.休闲农业园区规划设计[M].北京:中国建筑工业出版社:6-8.

郭焕成,任国柱.2007.我国休闲农业发展现状与对策研究[J].北京第二外国语学院学报,(1):3-10.

郭焕成.2001.海峡两岸观光休闲农业与乡村旅游发展[M].北京:中国矿业大学出版社:50-60.

郭跃,张述林.1998.旅游资源概论[M].重庆:重庆大学出版社:40-44.

韩敬祖,张彦广.2002.度假村与酒店绿化美化[M].北京:中国林业出版社:5-10.

韩丽,段致辉.2000.乡村旅游开发初探[J].地域研究与开发,(4):3-10.

贺东升,刘军萍.2001.观光农业发展的理论与实践[M].北京:中国农业科技出版社:60-76.

黄超.2011.休闲观光农业发展模式的初步探讨[J].现代园艺,(19):7-10.

黄羊山,王建萍.1999.旅游规划[M].福州:福建人民出版社:57-63.

李同升,马庆斌.2002.观光农业景观结构与功能研究——以西安现代农业综合开发区为例[J].生态学杂志,(2):8-14.

刘滨谊.2005.现代景观规划设计[M].南京:东南大学出版社:10-12.

刘俊,王秀芬,王玉忠.2011.我国都市观光农业发展概况[J].河北林业科技,(5):12-14.

刘蔓.2000.景观艺术设计[M].重庆:西南师范大学出版社:20-22.
刘薇,陈孟平,魏巍.2007.北京山区发展循环农业问题探讨[J].中国农学通报,(1):9-11.
卢云亭,刘军萍.1995.观光农业[M].北京:北京出版社.
吕明伟.2000.园林艺术中的植物景观配置[J].山东绿化,(2):31-32.
米晓妍,马忠秀.2011.我国休闲农业发展现状及前景分析[J].商品与质量,(5):8-10.
彭一刚.1986.中国古典园林分析[M].北京:中国建筑工业出版社:50-58.
彭钟.2006.观光农业园景观审美特色研究[D].武汉:武汉理工大学:3-10.
邱云美.2004.东部欠发达地区观光农业发展研究——以丽水市为例[J].农业经济,(2):9-18.
舒伯阳.1997.中国观光农业旅游的现状分析与前景展望[M].旅游学刊,(6):41-44.
宋红,马勇.2002.大城市边缘区观光农业发展研究[J].经济地理,(3):22-30.
孙中伟,王杨,韦锐,等.2011.石家庄市观光休闲农业开发的空间分区与培育路径[J].中国农学通报,(29):10-12.
田玉堂.2000.21世纪瑞海姆国际旅游度假村经营模式[M].北京:中国旅游出版社,:60-66.
汪德华.2002.中国山水文化与城市规划[M].南京:东南大学出版社:33-35.
王国莉,骆海峰.2005.观光农业生态园的规划设计生态环境[J].人文地理,(14):10-14.
王浩,李晓颖.2011.生态农业观光园规划[M].北京:中国林业出版社:110-140.
王浩.2003.农业观光园规划与经营[M].北京:中国林业出版社:70-110.
王惠.2006.北京市民休闲消费扫描[J].北京观察,(8):20-22.
王健华,童毕建.2007.北京城市居民消费需求变动趋势[J].数据,(7):30-34.
王莉红.2011.运城农业旅游的SWOT分析与策略研究[J].山西农业大学学报,(7):5-10.
王树进.2002.农业科技园区项目规划探讨[J].农业技术经济,(3):9.
王仰麟.1996.区域观光农业规划与设计中景观生态学的应用//全国第11届旅游地学年会暨东北地区旅游资源开发研讨会论文集.
王宇欣,王宏丽.2006.现代农业建筑学[M].北京:化学工业出版社:70-90.
王跃伟.2009.观光农业园区消费者行为影响因素探析[D].郑州:河南农业大学:12-14.
吴必虎.1999.中国国内旅游客源市场系统研究[M].上海:华东师范大学出版社:110-120.
吴人韦,杨建辉.2004.农业园区规划思路与方法研究[J].城市规划汇刊,(3):53-56.
吴为廉.1996.景园建筑工程规划与设计[M].上海:同济大学出版社:30-45.
吴忆明,吕明伟.2005.观光采摘园景观规划设计[M].北京:中国建筑工业出版社:90-101.
吴志强,吴承照.2005.城市旅游规划原理[M].北京:中国建筑工业出版社:80-88.
萧农.2006.海外农业旅游收益惊人[J].农村工作通讯,(3):4-7.
肖笃宁.2001.景观生态学[M].北京:中国林业出版社:70-80.
熊丙全,李谦,刘益荣.2010.浅析我国观光农业的发展趋势[J].四川农业科技,(3):5-8.
熊文平,钟业喜.2011.关于观光农业的思考[J].农业考古,(6):6-9.
徐峰.2003.观光农业景观设计[J].林业建设,(2):15-18.
徐靖婷,徐超富.2011.体验营销对生态农业休闲园的设计启示初探[J].现代园艺,(14):3-5.
杨美玲.2011.银川市兴庆区观光农业旅游发展研究[J].边疆经济与文化,(7):8-10.

杨培峰. 2005. 城乡空间生态规划理论与方法研究[M]. 北京:科学出版社:10-14.

殷平,葛岳静. 2002. 我国观光农业的发展研究[J]. 中国农业资源与区划,(4):8-12.

俞孔坚. 1987. 中国自然风景资源管理系统初探[J]. 中国园林,(3):33-37.

俞孔坚. 1999. 生物保护的景观安全格局[J]. 生态学报,**19**(1):8-15.

张芳,王思明. 2001. 中国农业科技史[M]. 北京:中国农业科技出版社:110-117.

张丽丽. 2009. 都市农业观光园的规划与设计[D]. 沈阳:东北农业大学:2-8.

张晓鸿. 2007. 观光农业园区规划规程研究[D]. 济南:山东农业大学:3-10.

张艳芳,李开宇. 1999. 中国发展观光农业的资源分析及对策[J]. 人文地理,**14**(1):61-63.

张毅川,乔丽芳. 2007. 观光农业园景观规划探析[J]. 浙江林学院学,**24**(4):492-496.

赵承华. 2008. 我国乡村旅游可持续发展问题及对策研究[J]. 农业经济:(4):7-10.

赵润江. 2009. 农业观光园规划设计研究[D]. 北京:北京林业大学:1-7.

赵旭梅. 2008. 京郊发展观光农业的问题与启示[J]. 农业经济,(4):9-14. /

郑百龙,翁伯琦. 2006. 台湾"三生"农业发展历程及其借鉴[J]. 中国农业科技导报,(4):10-13.

郑健雄,郭焕成. 2005. 观光农业与乡村旅游发展[M]. 北京:中国矿业大学出版社:30-33.

郑林,陈龙祥,罗先诚. 2001. 发展观光农业开发旅游资源[J]. 江西农业经济,(6):5-10.

周其良. 2011. 海南特色资源在休闲农业中的应用[J]. 安徽农业科学,(21):9-11.

朱喜钢. 2002. 城市空间集中与分散论[M]. 北京:中国建筑工业出版社:90-99.

朱永德,王家传. 1999. 泰山旅游观光农业发展问题浅析[J]. 山东农业大学学报,(12):36-40.

邹统钎. 1996. 旅游度假区发展规划[M]. 北京:旅游教育出版社:90-99.

Blanke M M. 2005. Obstbau in China [J]. Umweltwissenschaften und Schadstoff-Forschung, 2005, **5**:7-16.

Hammer D A. 1989. Constructed wetlands for wastewater treatmen[M]. Michigan:Lewis Publishers Inc:5-20.

Huddleston G M,Gillespie W B,Rodgers J H. 2000. Using constructed wetlandsto treat biochemical oxygen demand and ammonia associated with a refineryeffluen[J]. Ecotoxicology and Environmental Safety,**45**:188-193.

Jiao J G, Ellis E C, Yesilonis I,*et al*. 2009. Distributions of soil phosphorus in China's densely populated village landscapes [J]. Journal of Soils and Sediments,**7**:188-193.

Padoch C, Sturgeon J C. 2006. Border Landscapes: The Politics of Akha Land Use in China and Thailand [J]. Human Ecology,**10**:9-15.

Vuilleumier S,Prelaz-Droux R. 2002. Map of ecological networks fox landscape planning[J]. Landscape and Urban Planning,**9**:20-33.